多重宇宙、平行世界是可能的嗎？

一本理科小白也會邊看邊笑的量子力學入門

U0140082

著

傑瑞米·哈里斯 駱香潔 譯

Jérémie Harris

這本書

獻給我媽媽，她教我思考。

獻給我爸爸，他教我寫字。

獻給艾德，他教我一邊思考一邊寫字。

獻給薩琳娜，

她教我一邊思考一邊寫字的時候如何保持理智。

目次

前言

　　量子力學是研究微觀世界的驚人科學。量子力學描述的是原子和分子等微小粒子，這些粒子不但可以施展違反邏輯的特技、同時存在於多個地方，還能同時往兩個方向旋轉。這是一個非常燒腦的故事，從意識和平行宇宙一路談到自由意志與永生，為我們提供理解人類本質的唯一科學視角。

　　這是一個古怪的領域，由一群怪咖組成。有時候，這群怪咖會聚在一起。

　　二〇一四年我參加了他們的聚會，主辦人是個怪咖，也是受人崇敬的量子物理學家。就叫他鮑勃（Bob）吧，畢竟這是他的真名。

　　物理學界有不少響噹噹的大人物，鮑勃是其中之一。我加入他的實驗室的時候，他已經寫了一本暢銷教科書，對雷射理論做出重大貢獻，還做了幾個探索光的量子特性的著名實驗。他甚至拿了一座以某位普魯士貴族命名的成就獎——

至少在物理學領域，這代表你混得還不錯。

我承認在我讀研究所的時候，鮑勃教過我一點物理學。不過在這場聚會上，傳道授業的人成了我。

鮑勃和一、兩位知名研究者與五、六個頭髮油膩的研究生圍在我身邊，全神貫注盯著我面前的一張紙，我剛才隨手畫下的圖案令他們徹底驚呆。我用最簡單的線條畫了幾個火柴人。

「就是這樣，」我說，「這就是為什麼有些人認為量子力學可以解釋平行宇宙的存在。」

我不想老王賣瓜，但他們真的覺得我很厲害。「沒想到……這樣解釋很有道理，」其中一人開口說道，「以前居然沒人這樣解釋給我聽過！這理論沒有我想的那麼瘋狂。」就連鮑勃也感到難以置信。

接下來的幾個星期，我實驗室裡的許多同事對待平行宇宙的態度愈來愈認真——他們原本還認為這只是科幻故事呢。有些同事甚至決定用平行宇宙來思考量子力學，而且樂此不疲。剛剛投入新信仰的人總是熱情滿滿。

為什麼全世界最優秀的物理學家和像我這樣的笨蛋聊個二十分鐘，腦袋就會變成一團漿糊？為什麼這群了不起的科學家對於「什麼是存在的，什麼並不存在」的認知如此脆弱，一個二十來歲、醉醺醺的小伙子幾筆塗鴉就能輕易將之粉

碎？

　　我認為答案跟教宗大概對山達基教會（Scientology）所知無多的原因差不多。如果你認為自己已經知道真相，就不會再去尋找其他版本的真相。你會變得異常有自信，認為真相已在手中。這就是為什麼教宗有殉道者，山達基有湯姆‧克魯斯（Tom Cruise），而量子理論的不同觀點也有各自的狂熱擁護者。

　　但這或許沒什麼好驚訝的。量子力學跟宗教很像。它描述了宇宙、宇宙的創造過程和未來的方向。它幫助我們了解自己是誰，而且信不信由你，它甚至還知道我們死後會發生什麼事。

　　和宗教一樣，量子力學並非毫無爭議。雖然量子力學是一個非常成功的理論，但我曾看過物理學家為了量子物理學到底如何解釋宇宙運作吵得聲嘶力竭、不可開交。有人說，它描繪了無窮盡的平行宇宙；有人說，它在物理定律中開闢出特殊的意識空間；有人說，它描述的是一個命中注定的宇宙，我們的命運和未來在大爆炸發生的那一刻便已決定。

　　但無論從哪個角度切入，量子力學都是人類自我了解（self-understanding）的自然延伸，而人類早在幾萬年前就已踏上這場自我了解之旅。這麼說來，我把它當成聚會上的廉價小把戲豈不是很可恥嗎？

說到阿宅聚會，我應該講一下鮑勃家那場聚會的幾個月之前，我參加的另一場聚會。

地點是多倫多大學物理系館裡有兩百個座位的演講廳，但我們不是來參加物理學研討會，而是來聽一位基督徒物理學家用醇酒般的低沉嗓音，告訴我們為什麼科學可以證明上帝的存在。姑且叫他柯克（Kirk）吧，畢竟這也是他的真名。

柯克沒有提到平行宇宙，著實令人意外。他認為把人類意識放在核心位置去思考量子力學才有意義——這與他的宗教世界觀不謀而合。「未免太巧了吧，」我在台下氣呼呼地想著，「你心目中最有說服力的量子力學詮釋，就這麼剛好支持你的信仰。」

聽完柯克的演講我簡直悲憤交加，回到家之後開始翻閱教科書、狂滑維基百科，尋找能在下次聽他演講時反駁他的論點。我在一則又一則的資訊裡愈陷愈深，尋找能夠將他一擊斃命的角度。可是每當我以為自己找到線索——一個用錯的詞，或一個毫無根據的主張——只要稍微深挖，就會發現一個不那麼糟糕的正當理由。於是一個小時變成兩個小時，然後又變成三個小時。

沒過多久，我女友開始抱怨我都不理她。是時候認輸了。

這個經驗讓我學到兩件事。第一件事：如果你跟別人同居，你在網路上進行無意義搜尋然後累到在沙發上睡著的時

間會大幅受限。

第二件事：我與教宗的共同點比我以為的還要多。我自認是個謹慎的物理學家，而且對量子力學的各種觀點知之甚詳。結果看看我現在的樣子，一個論點就把我打趴在地，還是一個因為感覺不太對勁就被我嗤之以鼻的論點。

別誤會，我沒有要說服你相信量子意識（quantum consciousness）。但無法否認的是，意識確實是物理學的基本元素，這個觀念沒有大家（包括大部分的物理學家）以為的那麼瘋狂。

量子力學就是這樣的東西。它強迫我們思考乍看之下很科幻的事情，是否真的有可能發生。它為我們對世界的理解，帶來史上最強烈的震撼教育。它揭露我們先入為主的觀念、自我意識，以及我們說服自己相信我們對現實瞭若指掌的混亂過程。

那麼，量子力學到底如何描述世界？是什麼讓現在成為古往今來，人類對現實的理解最令人期待卻也最不確定的時代？

要回答這些問題，就不得不討論人類自我了解的歷史。

太初有花生

你上一次對花生發脾氣是什麼時候？

如果你是正常人，答案應該是「我不會對花生發脾氣。我喜歡花生。而且老實說，我不太明白一本討論量子力學的書，為什麼要從花生開始講起。」

我懂你的心情，但請你聽我解釋：花生會殺人。雖然研究者對確切數字尚未達成共識，但每年都有數十到數百人──通常是兒童──死於花生過敏。更糟的是，踩到花生可能會滑倒，花生油的油漬很難清除，而且花生碎片可能會卡在牙縫裡，一整個下午都摳不掉。

儘管花生有這麼多缺點，你可能從未對花生發過脾氣。我也是。原因是我認為花生不能為自己的行為負責。花生是完全無辜的豆科植物。

今天幾乎人人看待花生的方式都和你我一樣，但以前可不是這麼回事。

要了解箇中原由，請先想像一下你被剝光了衣服、空降到某個偏遠的叢林裡，腦袋裡的科學與技術常識都被洗除。沒有電話、沒有電腦，對於二十一世紀文明沒有絲毫記憶。

環顧四周，你發現你不是孤身一人。這座叢林棲地生機勃勃：土壤肥沃、綠意盎然，還有很多動物。有些動物──

主要是鳥類和囓齒動物——體型不大，應該可以捉來吃。但有些動物體型比你大、牙齒比你尖，牠們用你看鳥類和囓齒動物的眼神看得你心裡發寒。不妙呀。

現在你與人類祖先有了一個共同點：你已進入在地食物鏈。你不再是漫長的自然選擇之後，睥睨其他物種的絕對王者，你已徹底融入自然環境。你與環境的每一次互動都有風險，你捕捉獵物的機率和成為獵物的機率一樣高。

人類祖先在這個弱肉強食、沒有護欄的原始馬戲團裡，悟出一個明白的道理。那就是：人類與囓齒動物、地衣、劍齒虎——或者花生——之間的差異可能沒那麼大。有些人猜想，人類說不定與蟲子、植物和泥土不僅存在於同一個自然空間，也存在於同一個心靈空間。

至少有一部分歷史學家認為，這就是為什麼幾萬年前的人類會漸漸信仰泛靈論——相信動物、地方、植物和其他非人類的「東西」也有靈魂。

後來人類開始蓋簡陋的小屋，接著發展城鎮，然後演變成規模龐大的城市。我們把小麥一排一排種在田裡，把雞隻關在雞舍裡，讓牛幫我們拖拉重物。我們耕種的小麥和鞭策的牛也可能擁有靈魂，與我們別無二致，這樣的想法變得愈來愈……令人不舒服。

於是有一派理論說，有些人類祖先出現認知失調的情

況，他們經歷了類似這樣的思考過程：「只有王八蛋才會虐待有靈魂的東西。我不是王八蛋，所以小麥和牛肯定沒有靈魂。」

就這樣，動物、岩石、地方都有靈魂的觀念不再流行——有人認為取而代之的觀念是動物、岩石、地方是由各司其職的神明創造出來的。從每一株植物都有靈魂，演變成有一個小麥之神或一個農業之神。

神明很偉大，因為祂們扮演居中調停的角色，在我們與我們吃進嘴裡的食物或強迫搬運重物的動物之間築起一道牆，讓我們可以活得心安理得，又不用犧牲接觸超自然力量的機會。就這樣，人類發明了多神論。

值得強調的是，如果這個關於人類信仰演化的理論正確無誤，那麼泛靈論之所以被大多數文明拋棄不是因為它錯了，而是因為它變得不好用。讓我們先把這個想法暫時放在一旁，因為後面還會提到泛靈論就像一扇被門擋卡住、意外敞開的門，而卡住它的門擋就是量子力學帶來的全新世界觀。

從亞伯拉罕到瑣羅亞斯德的一神論

一神論，就是相信世界上只有一個神。多數人想到一神

論，腦海裡會直接浮現以亞伯拉罕為源頭的宗教（Abrahamic religions）：猶太教、基督教、伊斯蘭教。這幾個宗教可說是（以信徒數量來說）最成功的一神教實驗，但人類做過的一神教實驗當然不只這些，有些出現的時間更早。

公元前一千五百年到一千年之間，有個三十歲的波斯小伙子在參加完古代版的派對狂歡夜之後，獨自坐在河岸上。他在這裡看見異象、受到啟發，異象要他傳播一種全新的一神宗教，這個宗教至今依然存在。這小伙子名叫瑣羅亞斯德（Zoroaster），他創立的宗教以他命名為瑣羅亞斯德教，簡稱為祆教（Zoroastrianism）。如同現代基督教和伊斯蘭教，祆教認為世上有靈魂、自由意志和高於人類的神聖存在。事實上，祆教的靈魂與自由意志觀點可能對後來的幾個亞伯拉罕宗教都發揮了重大影響。

無論最早的一神教信仰是猶太教、祆教，還是完全不一樣的其他宗教，它們都提出相當一致的主張：人類是特殊的生物，擁有自由意志、靈魂與通往某種來生的特殊途徑。在長達幾百年的時間裡，大學經常舉辦辯論會，雙方辯士留著長長的鬍子、戴著滑稽的假髮，表情嚴肅地針對這些觀念爭論不休。除了將舊有的想法先打散再重組、然後加入少許猜測增添趣味之外，這群人吵了這麼久也沒吵出什麼結果。

在這樣的背景之下，短短一個世紀前才出現的量子力學

竟然徹底扭轉我們對人類與人類的宇宙定位的理解，打破長達好幾個世紀的哲學僵局，著實令人震驚。現在任何有關人類、生命和宇宙本質的討論，都避不開量子力學。它確實成了一千多年來影響人類自我覺知最具顛覆性的力量！

抱歉，我有點嗨過頭。在我們討論量子力學以及它對你、你的自由意志和你不朽的靈魂來說有何意義之前，我們必須先介紹人類思想的上一場革命：啟蒙運動。

從一到無

我們已經談過人類思想的發展過程如何從萬物皆有神性的信仰體系，演變成許多生物都擁有神性，最後變成只有一種生物擁有神性的信仰體系＊。

至少在西方，人類思想每經歷一次革命，神靈與神明的數量都會隨之減少。這段旅程的下一個階段仍維持同樣的趨勢。

一六八七年七月五日，英國皇家學會出版了一本書，叫《自然哲學的數學原理》（*Philosophiæ Naturalis Principia*

＊ 警語：猶太教、基督教與伊斯蘭教等西方主要世界觀，似乎都經過相同的演進過程，但這並不代表從泛靈論、多神論演變成一神論是普世現象，現在仍有很多地方信仰泛靈論。

Mathematica）。書名很拗口，而且角色發展扁平、欠缺厚度，如果它能在今日的亞馬遜網站拿到四星評價，我會非常驚訝。雖然風格與流暢度差強人意，但幸好內容很紮實：這本書說明宇宙中的物體運動遵循簡單的定律，以及如何用數學預測物體的運動。喔，你應該聽過這本書的作者。他叫做艾薩克・牛頓（Isaac Newton）。

你或許覺得奇怪，牛頓用數學解釋宇宙為什麼是一件大事。是這樣的，在牛頓提出運動定律之前，如果一個八歲的孩子問：「為什麼蘋果會掉到地上？」之類的問題，對方完全可以雙手一攤，說：「因為這是上帝的意思！」說完就把孩子扔回去耕田，或是幫他捉一捉頭上的蝨子，或是做一六〇〇年代的孩子會做的任何事情。

但是牛頓給了一個與眾不同的答案。他沒有訴諸神明來解釋蘋果為何墜落，而是提議用一套恆常不變的數學規則來回答問題。牛頓的數學理論是我們和上帝之間的緩衝區——他用數學劃了一條邊界，增加天堂與塵世之間的概念性距離。這個理論為不可知的科學開闢了一個新的分支，最終成為啟蒙運動的關鍵特色。

話得說清楚，牛頓仍是上帝虔誠的信徒。在他看來，蘋果從樹上掉落雖然不是神直接造成的，但是讓蘋果掉落的數學規則是神創造的。

在接下來的幾十年和幾個世紀裡，科學家發現的宇宙數學定律愈來愈多。久而久之，他們愈發無法將這些理論直接歸因於上帝。人類的信仰是建立在便利、習慣和自身利益上，而不是建立在理性上（請參考前文中泛靈論走向多神論的假設），因此很多人開始思考：「說不定我們根本不需要『上帝』這樣的概念。」

你知道誰有這樣的想法嗎？大名鼎鼎的拿破崙。

他在忙著入侵歐洲半數國家與大刀闊斧改革教育的同時，居然還能找到時間和法國傳奇物理學家皮耶－西蒙・拉普拉斯（Pierre-Simon Laplace）聊物理，當時拉普拉斯才剛想出一個關於太陽系運作的新理論。拿破崙一開口就問拉普拉斯為什麼他的理論沒有提到上帝。「我不需要這個假設呀，」拉普拉斯說。他的態度從容自信，就像少了一枚螺絲也能成功組裝Ikea椅子的人。

拉普拉斯可以在不提及上帝或訴諸神性干預的前提下，對整個太陽系進行完整的物理學描述，這確實是一項壯舉。科學革命把神擠到邊緣——不是因為科學新發現降低了信仰的可信度，它們降低的是信仰的必要性。

暴風雨前的寧靜

到了十九世紀末，物理學已可描繪清晰的宇宙樣貌。人類懂得製造蒸汽機，以不到〇‧〇一度的誤差預測水星橢圓形軌道的旋轉角度，還能以驚人的精準度解釋液體和氣體的行為。坊間流傳的說法是，人類基本上已經把自己需要知道的宇宙定律全部搞定，接下來只要利用這些定律就能做出愈來愈多既有趣又有用的東西。

套一句開爾文勳爵（Lord Kelvin）在一九〇〇年留下的名言：「物理學已經沒有什麼新東西可以探索。我們能做的只剩下提高測量精準度。」

值得注意的是，當時的物理定律完全沒有提及神、靈魂、自由意志和意識。十九世紀的物理學將宇宙描述成一個巨大的、可能是無限的廣袤空間，有數量多到難以想像的、極度微小的粒子，它們像撞球一樣在空蕩蕩的宇宙裡咻咻咻橫衝直撞。

這些粒子偶爾會撞上彼此。這時它們會遵循簡單的牛頓定律，有些粒子合而為一，形成複雜的結構。這些複雜的結構偶爾會進一步結合，形成更加複雜的結構，最終變成有趣的物體，例如岩石、花生和人類。但就算再怎麼複雜，這些物體在本質上仍然是由粒子組成，遵循簡單的、百分之百可

預測的運動定律。

運動定律的可預測性不容小覷。如果給你一張宇宙快照——照片裡有拍攝當下宇宙裡每一顆粒子的位置與行進方向——無論這張快照拍攝於何時，只要利用牛頓定律就能百分之百準確預測每一顆粒子在未來任何時刻的行為。理論上，牛頓力學賦予我們預測未來的能力，使人類有機會成為全知全能、穿著白色實驗袍的宇宙霸主。

但如果你能準確預測未來，這代表未來早已確定。也就是說，宇宙裡的事件都會照著以牛頓力學編寫的劇本走。哲學家稱這種觀點為「決定論」（deterministic），因為未來的每一個事件都由過去的事件決定，而且他們的稿酬是按音節計費的。

如果組成人類的原子遵循可預測的運動定律，那麼我注定要寫這本書，你也注定要看這本書，我們將來可能做出的每一個決定也都早就注定好了。果真如此，實在很難看出自由意志、靈魂或神性干預有什麼發揮空間。

用這個結論為人類的自我了解之旅畫下句點相當富有詩意。我們花了幾千年的時間一步步相信世界上擁有靈魂、意識和自由意志的東西沒那麼多，先是從泛靈論改投多神論的懷抱，然後又拋棄多神論改信一神論。對我們來說，發現世界上沒有任何東西擁有這些特質（連人類也沒有），應該是

最方便的情況。

但並沒有一條規定說,現實必須是詩意的。

一開始緩慢鬆動,頃刻間,牛頓力學的世界觀如同平滑表面上的紙牌屋瞬間塌縮。

尚待解決的小問題

牛頓力學超厲害。它提供驚人的準確預測,幫助人類製作非常有用的東西——我們可以用這些東西來興建鐵路、治療疾病、打造產業、建立全球帝國。

只是有幾個麻煩的小問題,沒有人能解釋清楚。

比如,還記得前面提過牛頓力學預測水星的橢圓形軌道誤差不到〇·〇一度嗎?

世界上有兩種人:

1) 一種人聽到這個數字會說:「哇塞,太強了!那個叫牛頓的傢伙超棒的,對吧?我們現在就去做一個蒸汽機,還是發明燈泡什麼的。」

2) 另一種人會說:「等一下,為什麼最佳預測有〇·〇一度的誤差?這不是很令人擔心嗎?」

第一種人叫做工程師，第二種人叫做物理學家。

只是一兩條預測不精準的軌道，物理學家還能勉強忍受，但是會因此出問題的不會只有天文學。例如，還有一種叫做「紫外線災難」（ultraviolet catastrophe）的小問題。

你知道爐子加熱時會被燒得火紅，對吧？十九世紀的物理學家很愛觀察這種現象，他們花很多時間研究高溫物體和它發出的顏色之間的關係。可是他們預測爐口的顏色非常不準確，尤其是靠近色彩光譜紫外線（溫度最高）那一端的顏色。不準確到足以稱為災難的地步。

水銀、熾熱的爐口和幾個不太符合牛頓力學的其他實驗，都令人懷疑當時的物理學一定出了問題。

於是他們努力思考。拼命努力思考。終於，有一個留著八字鬍、愛彈鋼琴又愛登山的人叫馬克斯・普朗克（Max Planck），他想到一個絕妙的主意。

量子革命於焉展開。

量子沉思

普朗克想要弄清楚的，是如何解決紫外線災難的問題。「我此生最大的抱負，」他八成這樣告訴自己，「就是改善人類預測置熾熱爐口顏色的準確度。我的老天，這肯定會是流

芳百世的成就！」

　　當時他肯定沒有料到，他提出的解決方法猶如潘朵拉的盒子。要了解為什麼，我們得先花點時間聊一聊「水」。

　　室溫下的水感覺像是連續的液體。它似乎不是由「一片片」的水組成——而是一種光滑的、流動的物質。不過呢，水當然是由「一片片」的水組成的，這些片片叫做「水分子」。水分子很小，小到看不見，所以我們才會以為水是一種連續的物質。

　　普朗克發現加熱爐口的能量跟水很像——它不是連續流動，而是一包一包地出現，你可以把它想成「能量分子」。這些離散的能量包非常、非常小，以至於幾世紀以來一直沒人知道它們的存在！

　　這可是一件大事，因為當時大家認為能量是連續的流動物質，就像波一樣。所以普朗克挑戰的是長達數百年的科學鐵則，而這一切只是因為他放不下爐口顏色預測不準確這個小小的問題。

　　他不會是最後一個挑戰者：不久之後將有一群阿宅橫空出世（其中最有名的叫愛因斯坦），證明過去我們認為是波的東西其實也是由離散的粒子構成。

　　更糟的是還會有另一群阿宅跳出來，證明我們認為是粒子的東西在適當的條件下也可以表現得像波。世界陷入一場

數學風暴，大家忙著對哪些東西是「波」、哪些東西是「粒子」建立共識。

這個情況非常令人困惑，耗費了二、三十年的時間才終於塵埃落定，在精妙的想法和荒誕的猜測揉雜而成的混沌中升起驕陽，我們可以稱之為「量子力學 1.0」。

如同最暢銷的咳嗽糖漿，雖然很多人覺得喝完之後嘴裡會有怪味道，但是效果相當不錯：它可以解釋紫外線災難，也可以做出某些無比準確的預測，例如基本粒子的電荷質量比。

但還是有個地方不太對勁。

量子力學 1.0 對牛頓力學的一個基本假設構成威脅：描述未被觀察的系統沒有意義。

在牛頓的世界裡，如果你把一顆原子放在容器裡的一個小角落然後走開，你可以非常肯定當你回來的時候，這顆原子仍在原地。這意味著你可以用一個固定不變（但相當無聊）的故事，描述你離開之後這顆原子做了什麼。

但是量子力學 1.0 說，無論我們如何描述那顆未被觀察的原子，都不過是一個自嗨的虛構故事。實際上，量子理論證明從物理學的角度來說，你離開之後這顆原子不可能「靜止不動」。更麻煩的是，從原子放進容器到你離開又回來再次看見原子的這段時間裡，這顆原子的行為不會只有一個版

本。也就是說，在雜亂無章的宇宙歷史裡，「觀察」的那一刻是罕見的恆定瞬間。

原子在被觀察與未被觀察的時候可能會表現出不同的行為，這個想法引發一些疑問。一顆花生或一個粒子怎麼可能知道有人正在看自己呢？還有，「觀察者」的定義是什麼？「觀察」的定義又是什麼？是否有些東西能施展觀察者的力量，有些不能？觀察與<u>意識</u>有關嗎？

有些人認真思考這些問題，也有些人把量子力學1.0當成失控的大麻煩，急需砍掉重練。

無論如何，量子力學的出現推翻了數千年來逐漸增強的哲學自信心。人類花了好幾個世紀才放下泛靈論和多神論，再把最後剩下的一神論邊緣化。從與自然合而為一，到與上帝合而為一，再到似乎對人類漠不關心的自然法則凝聚而成的、沒有靈魂的原子團塊。

量子革命逼我們重新審視世界。從泛靈論到沒有靈魂的決定論，過往的存在理論重新躍上檯面，帶著我們以前從未想到過的全新可能性。平行宇宙、宇宙意識、身／心二元論——應有盡有。

這些就是這本書要討論的內容，以及它們對我們——你、我與所有人類——有何意義。這本書也會提到研究者、騙子與學術產業，他們不但影響這些理論的形成，也深深影

響你我如何看待自己以及我們的宇宙定位。

　　我無意把話說得太誇張，不過討論這些主題很危險，所以還是謹慎為上。這些觀念塑造了我們的自我意識，長遠而言，也影響我們決定打造怎樣的社會。

　　當然，它們也是聚會時有趣的閒聊話題。

第1章
掉進量子世界的無底洞

物理學家如何發現量子世界是個奇怪的地方？

答案很簡單：做實驗。他們做了一大堆實驗後，發現實驗結果非常奇怪——讓人完全想不通——想要理解這些實驗結果只有一個辦法，那就是接受量子世界遵循的是奇怪的自然法則。隨著物理學家終於接受這個事實，他們也打開了潘朵拉的盒子，顛覆我們對現實本身的理解。想知道這個潘朵拉的盒子裡裝了什麼，必須先了解引導我們打開盒子的實驗。

所以，接下來我們要聊的是實驗。實話告訴你：物理實驗無聊到爆炸。雖然探索的是和宇宙本質有關的基本問題，但是在做實驗之前，你早<u>就</u>知道答案。

事實上，如果實驗結果出乎意料，只可能是因為：

1）幾百年來成千上萬的科學家焚膏繼晷、夙夜匪

懈做研究，卻全體誤解大自然的運作方式，而你——拿著最低工資的研究生——碰巧以正確的方式探索宇宙，證明前輩全都錯了。或是因為：

2）你把實驗搞砸了。

身為一個平庸的研究生，你的大腦仰賴泡麵、廉價啤酒和每天四小時的睡眠來運轉，因此碰到令人意外的實驗結果時，我建議你考慮選項二，而不是選項一。要能夠持續做到選項一只有一種可能：擁有豐富的相關科學知識，而且知識量不亞於所有科學家的總和。

這在今天幾乎是不可能的任務。但是在一八〇〇年代早期，這件事沒有那麼不可能，有一個人算是達成了這個目標。他叫做湯瑪斯・楊（Thomas Young），身兼醫生、語言學家、音樂理論家、破譯羅塞塔石碑的埃及學家，而且還是那個年代最重要的科學家之一。他涉獵的知識既廣又深，二〇〇六年出版的湯瑪斯・楊傳記叫《世上最後一個無所不知的人》（*The Last Man Who Knew Everything*），可謂實至名歸。他如果有領英（LinkedIn）帳號，個人檔案應該豐富到令人眼花撩亂。

一八〇一年他做了一個實驗，這是史上首次有人證明量

子力學最神祕的一個基本特性——雖然當時他還不知道。這個簡單的實驗將對我們的宇宙觀產生反直覺的深遠影響。雖然這已是兩百多年前的實驗，但是它為後來的理論奠定了實驗基礎，這些理論將預測平行宇宙、身／心二元論，以及許多更加有趣也更具爭議性的想法。

以下是他的實驗。

挑戰經典物理學

他在一塊板子上開了兩道狹縫：

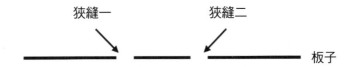

將一道光束打在板子上。光束寬度夠寬，可同時通過兩道狹縫：

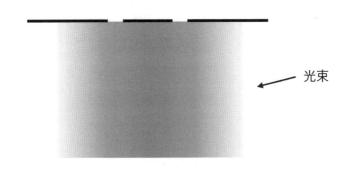

接著，他擋住左邊的狹縫，讓光束只能通過右邊的狹縫。

最後，他在開了狹縫的板子對面放一塊觀測屏，用來觀察通過狹縫的光：

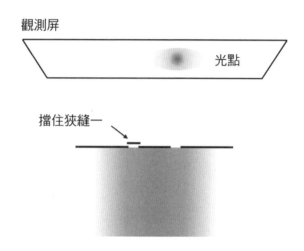

結果相當解嗨：他在觀測屏上看到了一個光點，就是光通過右側狹縫之後應該出現的位置。擋住右邊的狹縫也得到了相同結果：同樣有一個光點，這次出現在觀測屏的左邊，就是光通過左側狹縫之後應該出現的位置。

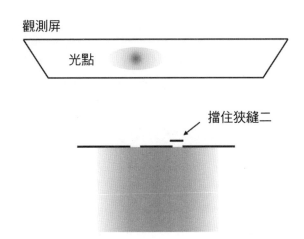

觀測屏

光點

擋住狹縫二

到目前為止，他的實驗告訴我們一件事：光碰到不透明的材料時，只能通過材料上的開孔。你是不是有點後悔翻開這本書。

別急，接下來的實驗結果有點……不尋常。他在最後一個步驟同時打開兩道狹縫，光束可以通過狹縫一或狹縫二再抵達觀測屏。你認為這次會怎麼樣？

讓我猜猜——你八成在想：「這問題有夠蠢。打開右邊狹縫，觀測屏的右側會出現一個光點。打開左邊狹縫，觀測屏的左側會出現一個光點。兩邊同時打開當然會出現兩個光點，左右各一個。」

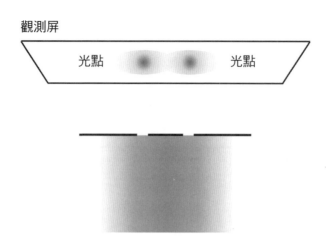

　　答錯了！沒有出現兩個光點——至少在兩道狹縫夠小、距離夠近，而且光束經過仔細設定的前提下，不會出現這種結果。湯瑪斯・楊看到的不是右邊狹縫一個光點、左邊狹縫一個光點，而是一個怪異複雜的圖案，他以前從未見過：

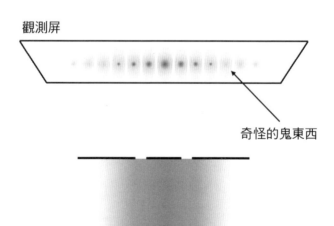

如果你和十八世紀大多數的物理學家一樣，你可能會看著最後這張圖問自己：「這是什麼玩意兒？這不合理呀。我切開一道狹縫，然後在觀測屏上出現一個光點，這很正常。切開兩道狹縫卻出現這種光點等距分布的怪圖案？到底發生了什麼事？」

這個有名的實驗叫做楊氏雙狹縫實驗（Young's double slit experiment，真是個有創意的名字），而它出名的原因你剛才也看到了：實驗結果很奇怪。不過湯瑪斯·楊很厲害，他想到一個原因。

當兩道狹縫都打開時，我們期待看到兩個簡單的光點。可是，我們看到的卻是一個複雜許多的圖案。湯瑪斯·楊認為會出現這種結果只有一種可能，那就是通過狹縫一與狹縫二的光以某種有趣的方式混合，在觀測屏上形成出乎我們意料的圖案。

打個比方：小蘇打加醋冒出一大堆泡沫是學校科展的經典招數。假設你事先不知道小蘇打加醋會產生化學反應，你或許會以為小蘇打加了醋只會變成一坨無聊的潮濕粉末。就像一加一等於二。

結果當然不是這樣：小蘇打加醋會嘶嘶嘶冒出許多氣泡，如同湯瑪斯·楊的觀測屏上出現了怪異圖案。小蘇打加醋沒有變成你預期中的一坨潮濕粉末，這表示兩種成分產生

了交互作用。同理，湯瑪斯・楊的觀測屏上那個怪異的圖案告訴他，通過狹縫一的光與通過狹縫二的光之間產生了交互作用。

光不知道為什麼混合在一起，出現大於——或至少不同於——總和的結果。

不過物理學家不喜歡「混合」這樣的詞——他們喜歡說通過狹縫一的光必定「干涉」了通過狹縫二的光。因此觀測屏上的怪異圖案有個正式術語，叫「干涉圖樣」（interference pattern）。

「我在這塊板子上戳了兩個洞，結果對面的板子上出現這種奇形怪狀的東西！」翻譯成物理學的說法是：「教授，我複製了湯瑪斯・楊的雙狹縫實驗，並且在觀測屏上成功觀察到干涉圖樣。請問我現在可以畢業了嗎？我還背著沉重的學生貸款。」

湯瑪斯・楊可沒有就此罷休。他想通了觀測屏上的奇怪圖案來自兩道狹縫的互相干涉，接著他改用不一樣的光源與不一樣的狹縫做實驗，並成功預測會出現怎樣的干涉圖樣。

詳細說明得動用數學和幾何學，在此我們沒有時間深入討論。簡而言之，連聰明絕頂的人都對湯瑪斯・楊的研究讚不絕口。在差不多長達一個世紀的時間裡，每當有人提出「為什麼我的觀測屏上出現奇怪的東西？」這個問題時，楊

氏雙狹縫實驗都是最佳解答。

直到阿爾伯特・愛因斯坦的出現毀了一切。

愛因斯坦驕傲地向全世界宣布，他有一個會給大家帶來很多、很多麻煩的新發現：「嘿，告訴你們唷，大家都聽過馬克斯・普朗克證明能量是由離散的能量包組成，並不是連續的，對吧？傑瑞米在上一章的最後也寫到這件事。嗯，我剛剛證明了光也是由離散的光包組成的。我要叫它們『光子』。就是這樣，ㄚ勢啦。趕緊重寫教科書吧，笨蛋。」

為什麼這會讓湯瑪斯・楊對雙狹縫實驗的解釋站不住腳，或許不是那麼一目了然。你甚至可能會想：「這也沒那麼糟吧？說不定就是通過狹縫一和通過狹縫二的光子混雜在一起，或是以某種有趣的方式相撞又彈開，然後隨機形成干涉圖樣。」

但若真是如此，一次只發送一個光子通過狹縫，理應不會出現干涉圖樣。如果光子無法同時穿過兩道狹縫，它們肯定不會混雜在一起或是相撞又彈開，我們應該會看到最初預期的兩個簡單的光點。對吧？

這正是大家想要驗證的事：他們使用超暗光源對狹縫一次射出一個光子。

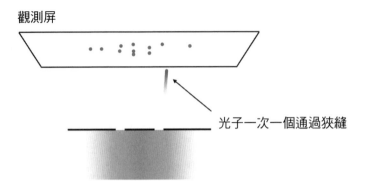

觀測屏

光子一次一個通過狹縫

隨著愈來愈多光子一一落在觀測屏上,猜猜它們形成什麼圖案?

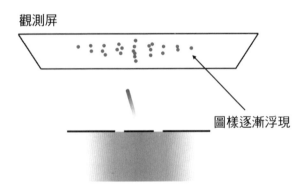

觀測屏

圖樣逐漸浮現

和之前一模一樣的干涉圖樣!

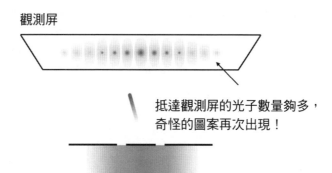

觀測屏

抵達觀測屏的光子數量夠多，
奇怪的圖案再次出現！

怎麼會發生這種事呢？一方面，通過狹縫一的光顯然會影響通過狹縫二的光——唯有如此才能解釋干涉圖樣。

但是另一方面，即使一次只有一個光子通過狹縫，好像也會發生干涉的情況。一個粒子如何對干涉圖樣產生影響呢？難道是它自己干涉自己？這可能嗎？

如果它自己干涉自己，那麼它是通過哪道狹縫呢？右邊的？左邊的？兩邊一起通過？

不會吧，難道它同時通過兩道狹縫？

是的，正是如此。那個可惡的迷你光子確實同時通過兩道狹縫。

這就是答案。光由粒子組成，再加上楊氏雙狹縫實驗的結果，物理學家不得不面對一個令人非常心慌的可能性：像光子這樣的量子粒子或許能同時存在於兩個地方。

而且這種情況不只出現一次。自從愛因斯坦和普朗克發表了發現以來，有許多其他實驗都證明了次原子粒子（構成原子的成分）會表現出彷彿同時存在於兩個地方的行為，或是同時以不一樣的速度行進，或是同時朝不一樣的方向移動。

事實上，實驗不僅證明粒子可以同時出現在多個地方、同時做許多不一樣的事，還證明這其實是粒子偏好的存在方式。如果放任粒子不管，原本待在固定位置的粒子會開始在空間裡快速隨機移動，占據愈來愈多的鄰近位置，最終將自己大面積擴散，除非碰到牆或其他障礙物的阻擋。

雖然次原子的多重人格障礙沒有納入《第五版精神疾病診斷與統計手冊》，但幾乎每一本量子力學教科書都有提到。

它也是一條細小的線頭，只要輕輕一拉就能解構現實。量子力學之所以如此玄妙又驚人，次原子的特性功不可沒。次原子也長期被拿來論證靈魂、平行宇宙、深藏不露的層層現實以及萬事萬物是否存在。

這正是我們將要討論的主題。不過在那之前，我得坦白交代一件有點尷尬的事。

量子力學：一個害羞的小祕密

　　物理學家都很愛畫圖。老實說，量子力學研究有八十％的力氣都用在畫圖上，藉由各種圖像說明我們感興趣的事如何隨著時間變化。

　　但物理學家的自尊心很容易受傷，他們不想讓人發現這件事。所以他們畫圖時會在旁邊加一些特殊符號，看起來像這樣：∣＞（這叫做括量〔kets〕），這會使他們覺得自己正在做的事比實際上複雜。

　　括量的意思是符號內的圖像處於「量子態」（quantum state）。「量子態」只是「狀態」的高級說法，而「狀態」只是「東西現在的樣貌」的高級說法。

　　比如像這樣：

我朋友史蒂夫

我朋友史蒂夫的
量子態

　　換句話說，只會畫火柴人的白痴與量子理論家之間的主要區別，就是有沒有使用右圖的括量符號。括量符號代表的

意思是，我們在量子力學的情境下討論這個圖像。

為了配合物理學家，我們將繼續使用這個高級符號。但我們心裡偷偷知道，其實這就是畫圖而已。接下來我們要看看這些簡單圖像如何幫助我們探索宇宙結構。

遇見電子

前面討論過光子——就是害楊氏雙狹縫實驗變得很難解釋的光粒子。

光子是很厲害沒錯，但若要了解為什麼可能有不同版本的你生活在無數個平行宇宙，或是為什麼有些物理學家認為量子力學意味著我們擁有實體以外的靈魂，就必須介紹第二種叫做「電子」的量子粒子。

電子是微小的次原子粒子。為了方便理解，你可以把電子想像成一顆非常、非常迷你的小球。

球可以順時針旋轉，也可以逆時針旋轉。電子也一樣。

我們可以用括量符號畫一顆旋轉的電子：

電子順時針旋轉時
的量子態

電子逆時針旋轉時
的量子態

量子力學唯一的古怪之處

其實量子力學古怪的地方只有一個，你應該已經知道：量子粒子可以同時表現出許多明顯互斥的行為。

例如，楊氏雙狹縫實驗裡的光子可以同時出現在兩個地方。除此之外，還有大量同樣令人震撼的實驗證明電子也有類似的超能力。電子也可以同時出現在多處，而且也能同時順時針和逆時針旋轉。

借用顏色來想像會比較好懂：如果順時針是「白色」，逆時針是「黑色」，那麼電子可能是「灰色」的。

這似乎是個不可思議——甚至難以相信——的想法。畢竟我們從未見過任何東西可以同時往兩個方向旋轉。但是數學計算與實驗結果都顯示這是個事實。

讓我們看看如何用括量描述這種情況。用加號把兩個括量合在一起，表示這顆電子正在同時做兩件事：

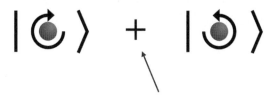

（加號的意思是同一個電子正在同時做這兩件事）

量子力學說，同時往兩個方向旋轉的「灰色」粒子無所不在。

「等一下！」你說，「如果同時順時針和逆時針旋轉的怪東西到處都有，為什麼我這輩子從沒看過？」

問得好，這個問題直搗「量子測量悖論」（quantum measurement paradox）的核心。這應該是當代物理學最重要的問題。

回答這個問題，將引導我們直接走向多重宇宙和量子力學意識。

用括量講故事

在打開量子力學的潘朵拉盒子前，還有一件事需要了解：我們得花點時間聊聊如何用括量講故事。

假設你把一個電子放在密閉的盒子裡。想像一下這個電子旁邊有一台特殊的探測器，當電子順時針旋轉，它會被觸發；當電子逆時針旋轉，它不會有任何反應。

探測器被觸發時，會同時向一把槍（也在盒子裡）發送訊號，然後這把槍會發射子彈殺死一隻貓（也在盒子裡）。

讓我們用括量符號描述這個場景。如果電子順時針旋轉，那麼在探測器啟動之前，情況如下：

電子順時針　探測器尚未啟動　槍尚未發射
旋轉

貓活著

一分鐘後，我們啟動探測器。電子順時針旋轉，所以探測器被<u>觸發</u>。我們用一個小勾勾（✓）來標示這個情況：

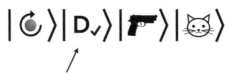

探測器啟動，探測到電子，因此被<u>觸發</u>

探測器向槍發送訊號，槍幾乎瞬間發射，這時盒子裡的情況是這樣：

槍發射

子彈飛出，很快就射到貓，牠成為了這場實驗哀傷的犧牲品：

貓死掉

相較之下，電子逆時針旋轉的情況就很單純了。電子逆時針旋轉不會觸發探測器，所以什麼也不會發生：

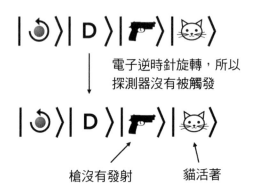

電子逆時針旋轉，所以
探測器沒有被觸發

槍沒有發射　　貓活著

這兩個版本的故事——一個是貓活著，一個是貓死掉——到目前為止都很合理。

但如果電子不只往一個方向旋轉，而是同時往兩個方向旋轉，會怎麼樣呢？

答案是：殭屍貓。

量子殭屍貓

　　讓我們進入第三個故事。這次電子一開始就處於同時順時針和逆時針旋轉的狀態。

　　用括量圖示如下：

電子同時往兩個方向旋轉　　　　探測器尚未啟動

　　那麼，最關鍵的問題來了：當我們打開旋轉探測器時會發生什麼事？它會不會被觸發？

　　量子力學說，會，也不會。探測器的一部分會看見順時針旋轉，一部分會看見逆時針旋轉。它彷彿被電子劈成兩半。

　　再次用括量圖示如下：

探測器「一分為二」：

一半看見電子順時針旋轉，　　　……另一半看見電子逆時針
於是被觸發……　　　　　　　　旋轉，紋風不動

請注意灰色括號裡有兩個迷你故事：一個是電子順時針旋轉，探測器被觸發；另一個是電子逆時針旋轉，探測器沒有反應。

接著我們等待探測器發送的訊號被槍接收。槍會發射子彈，還是不會呢？

答案與探測器相同：會，也不會。這把槍會分裂成兩把，一把開了槍，另一把沒開槍：

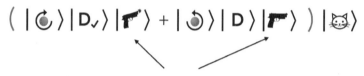

槍被探測器分裂成「發射」與「未發射」兩種狀態

……接著，來看看我們的貓。

現在你大概可以猜到貓咪的命運。如同探測器和槍，貓也將一分為二：一個版本被子彈殺死，一個版本將繼續美好貓生。

最後，盒子內部會處於這種狀態：

$$\left(\left| \circlearrowright \right\rangle \left| D_\checkmark \right\rangle \left| \text{🔫} \right\rangle \left| \text{🐱} \right\rangle + \left| \circlearrowleft \right\rangle \left| D \right\rangle \left| \text{🔫} \right\rangle \left| \text{🐱} \right\rangle \right)$$

順時針旋轉，觸發探測器，　　　逆時針旋轉，未觸發探測
槍發射，貓死掉　　　　　　　　器，槍沒有發射，貓活著

請注意，盒子的內容物分屬兩個互不相干的故事：一個故事是電子順時針旋轉，槍射出子彈，貓死了。另一個故事是電子逆時針旋轉，槍沒有發射，貓沒死。

兩者故事都是真的，真實性一模一樣，在盒子裡共存。

電子是順時針旋轉還是逆時針旋轉？

都是。

探測器有沒有被觸發？既有，也沒有。

貓是活著還是死了？都是。#殭屍貓

撲朔迷離

好吧，你對我剛才說的話持懷疑態度。你從來沒有看過半死半活的貓。

你甚至可能想說：「量子力學顯然是沒用的東西，我可從來沒看過什麼殭屍貓，把這東西扔進垃圾桶吧。」

問題是，從古至今所有關於宇宙的物理理論中，量子力學是預測最準確的理論（是真的，它就是冠軍）。所以我們不能因噎廢食、因小失大。

我們必須設法解釋為什麼明明沒有人看過殭屍貓，量子力學卻說牠們應該存在。

一九二〇年代，有個愛用超長單字的丹麥物理學家叫尼

爾斯・波耳（Niels Bohr）*，他率先嘗試提出解釋。

　「我從未看過殭屍貓，但數學計算說牠確實存在，」波耳這麼告訴自己，用的應該是丹麥語。「如果在我看見這隻貓的那一刻之前，牠一直都是隻殭屍貓，那麼我或是我用來觀察牠的工具必定有什麼特別之處，逼迫這隻貓在我看牠的時候只能選擇一種狀態（非死即生）。『觀察殭屍貓』的行為迫使既生且死的狀態『塌縮』（collapse），殭屍貓只能在生與死之間二擇一。塌縮——這就是答案！」

　以下是波耳提出的解釋：

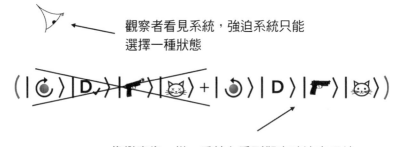

觀察者看見系統，強迫系統只能選擇一種狀態

像變魔術一樣，系統在受到觀察時決定塌縮成一種狀態（此圖是貓活著的狀態）

---

* 幫你節省一點谷歌搜索的時間，形容人「愛用超長單字」（sesquipedalian）的這個單字本身剛好也很長。波耳寫文章愛用哲學術語，他對量子概念的解釋以晦澀難懂聞名。

波耳的塌縮概念有個問題，那就是他從來沒有清楚說明「觀察」的定義，或是怎麼做才算得上是「觀察者」。他曾經暗示顯微鏡和相機之類的「大型」物品最有可能導致較小的系統塌縮，可是關於細節他總是模糊帶過。

他唯一確定的是塌縮過程必定發生得很快，所以像棒球這樣的「大」東西才不會同時存在於多處，或者同時朝多個不同的方向旋轉，因為在人類看得見的世界裡並未出現這種情況。

在二十世紀初以前，物理學家一直對現實世界的理解充滿把握、信心滿滿。對憂心忡忡的物理學家來說，波耳提出的塌縮概念雖然不夠周延，卻勝過毫無頭緒。它可以暫時解決眾人的焦慮，讓大家繼續原本的研究，而不是老想著殭屍貓。至少波耳本人希望會是這樣。

但並不是每個人都對波耳的塌縮論感到滿意。事實上，塌縮論的勁敵正是行走的護髮乳廣告：阿爾伯特·愛因斯坦。

愛因斯坦的看法

波耳對殭屍貓問題提出的答案，有一個地方讓愛因斯坦非常、非常不滿意：隨機性。

根據波耳的說法，「觀察殭屍貓」的行為強迫宇宙隨機

選擇貓塌縮之後的狀態。波耳相信隨機性是這個現象的基礎：理論上塌縮的結果是無法預測的，無論測量工具多精密都一樣。在你進行觀察的那一刻，宇宙本身還不確定它要呈現怎樣的結果。

但愛因斯坦是在牛頓力學時代長大的孩子——當時物理學家認為宇宙基本上是可預測的，每個事件都可以一路追溯到更早的源頭。在牛頓的世界裡，如果你在過去的某個時刻獲得夠多的宇宙資訊，應該就能準確預測未來，包括每一個順時針旋轉的電子和每一隻貓的死活。

愛因斯坦喜歡這種可預測性。他認為這很美。他認為波耳理論中的不可預測性和隨機塌縮很噁心，所以他拒絕相信波耳。

我是說真的，這就是他反對的理由。不是什麼精妙的數學計算。不是什麼了不起的土星軌道或日蝕觀察。只是單純的「我認為你的理論很噁。」

這件事很有趣：多數人都以為物理學家是高尚的科學真理追求者™，但真實的情況是波耳與愛因斯坦這樣的人物，也和芸芸眾生一樣心存偏見。一號物理學家認為宇宙符合決定論，沒有一絲隨機的空間；二號物理學家認為隨機性是自然界的本質；三號物理學家認為物理定律是由一位全知全能的造物主設計出來的，目的是將全宇宙的 In-N-Out 漢堡店

數量最大化。物理學家對這些問題的看法經常出於直覺和偏見。後面會有更詳細的討論。

當愛因斯坦與波耳為了塌縮和決定論爭執不休的時候，已有許多實驗證明量子粒子可能會表現出真正隨機的行為。因此，愛因斯坦必須證明這種隨機性是一種幻覺。

這項任務看似困難，實則不然。這是因為大部分你我認為是「隨機」的事情——例如拋硬幣——其實一點也不隨機。

等等——拋硬幣不是隨機的？問得好。

事實上，拋硬幣的結果不是隨機的。只要掌握與這枚硬幣有關的資訊夠多——精確的重量分布與大小，影響硬幣翻滾的風阻等等——而且擁有一台超級電腦可以模擬拋硬幣的過程，就能百分之百準確判斷硬幣每一次拋出的結果是正面還是反面。拋硬幣的隨機性是一種錯覺：我們之所以認為正面或反面會隨機出現，只是因為準確預測結果需要的運算複雜得嚇死人，所以只好雙手一攤，賴皮地說：「管他的——就當作這是隨機的吧。」

只要堅持掌握所有資訊，就能帶著自信準確預測結果，可惜我們總有很多其他事要忙，比如上班或是這樣那樣的要務，所以沒空處理拋硬幣的準確度。

愛因斯坦認為，如果我們觀察得夠用力，一定會發現「隨機」的實驗結果（例如「貓活著」或「貓死了」，「順時針

旋轉」或「逆時針旋轉」）偷偷受到我們沒發現的變量控制。這些尚未被發現的變量如同硬幣的重量分布、質量等因素：只要知道這些數值，量子力學就可以擺脫隨機性。

愛因斯坦晚年瘋狂尋找符合上述要求的理論，卻沒有成功拼湊出任何變量詮釋——不過後來有人成功做到。

愛因斯坦和波耳的論點引發一場量子力學的心靈公關戰。在接下來的幾年裡，波耳聲勢浩大地到世界各地的物理學講堂巡迴演講，向每一個願意傾聽的人宣揚他的塌縮觀念。久而久之，他的觀念得到廣泛接受，成為量子力學定律的「正統」詮釋，這都得歸功於他的堅持、說服力和權謀手段。

同一套觀念也將為新一代的量子力學思維開闢一條新路——這條路將把意識本身推到舞台中央。

意識量子化

殭屍貓問題令物理學界備感震驚，物理學家焦急尋找答案。事實上，他們焦急到願意接受任何解釋，只要是個髮型體面（抱歉了，愛因斯坦）又有個人魅力的人提出的答案就行。有個人魅力的物理學家堪比稀有動物，因此波耳與他的理論在當時成了僅有的選擇。

問題是，波耳的解釋衍生出更多難以回答的問題：

- 是什麼讓人類或他們製造的測量裝置擁有特殊能力，可以強迫一個量子系統（例如前面提到的電子／探測器／槍／貓系統）塌縮成一個明確的狀態（例如「生」或「死」）？
- 貓是否具有導致電子／探測器／槍組合塌縮的力量？如果換成猴子呢？
- 槍或探測器有這種力量嗎？為什麼它們不能使電子的狀態塌縮？

關於這些問題的答案，物理學家眾說紛紜。有人開始拋出新時代（New Age）風格的詮釋，一聽就令人背脊發涼：「如果像殭屍貓這樣的東西似乎只有在人類觀察時才會塌縮，說不定人類的觀察有一種觸發塌縮的特殊力量。所以，」他們猜測，「人類或許是特殊的存在，而使我們如此特殊、也就是賦予我們塌縮超能力的東西就是……意識！」

可能嗎？意識把注意力放在量子物體上，就會讓它們塌縮嗎？我們是不是一直沒有發現意識的物理學原理，而這股力量一直在偷偷塑造我們生活的宇宙？

有一小群大呼驚奇的物理學家說：「啊，沒錯。有這個

可能性。」以意識為基礎的量子力學就此誕生。討論的主題包括人體的哪個部位含有意識，人類以外的哪些物種可能擁有意識，以及這對人類的宇宙重要性來說意味著什麼。

如果你是那種認為物理學研討會聽起來不應該像新時代能量手環廣告的人，那麼「意識是現實架構的核心」的想法可能會令你有點傻眼。我懂你——我也跟你一樣傻眼。但我們再怎麼傻眼也沒用，就是有認真的物理學家願意相信以意識為基礎的量子力學，而且直到今天仍然如此。後面也會有詳細的討論！

我們先暫時這麼說吧：塌縮打開了一個充滿假設和猜測的潘朵拉盒子。物理學家思考塌縮的每一種答案——從意識理論到波耳曖昧不清的「觀察導致塌縮，但我無法用少於十二個音節的單字告訴你何謂『觀察』」，以及介於這兩者之間的各種說法。唯一確定的是，沒有人真正知道塌縮如何發生、何時發生、為何發生。

後來終於有幾個物理學家覺得受夠了，他們提出一個危險的問題：怎麼做才能讓量子力學擺脫塌縮？

答案很簡單：

多重宇宙！

多重宇宙

一九五〇年代有個名叫休‧艾弗雷特三世（Hugh Everett III）的傢伙，他提出一個新的答案來解釋為什麼我們身邊沒有殭屍貓。

艾弗雷特說：「聽著，你們這群白痴。你們憑什麼覺得自己比蠢貓厲害？完全沒有。你們只是站在黑板前的廢物。」

這句話不是直接引用，想知道正確細節的人，請自己去查維基百科。

艾弗雷特的意思是，我們不應該認為人類或觀察者有任何特殊之處。他建議我們把自己也視為可以用括量表示的量子物體，就像貓、槍和探測器一樣。

讓我們看看這麼做會怎麼樣。把先前的殭屍貓盒子拿出來，將實驗者／觀察者放入系統，和其他條件一樣用括量呈現。

在實驗者查看盒子內部之前，系統是這樣的：

$$(\, |\circlearrowleft\rangle \, |D_\checkmark\rangle \, |✔\rangle \, |😺\rangle + |\circlearrowleft\rangle \, |D\rangle \, |✔\rangle \, |😺\rangle \,) \, |\overset{\odot\odot}{\text{人}}\rangle$$

實驗者尚未查看盒子內部，也不知道實驗結果

接著他查看盒子內部。如同貓、槍和探測器，他也分裂成兩個不一樣的版本：

一個版本的實驗者看見死貓……

……另一個版本的實驗者看見活貓

想像一下你問實驗者——兩個版本都問——實驗的結果是什麼。

貓死了嗎？一個版本肯定地說：「死了」，另一個版本肯定地說：「沒死」。

你有沒有看到一隻既生且死的貓？兩個版本都會肯定地告訴你：「當然沒有。這問題真蠢。」

兩種情況的實驗者都只會看到一個結果：活貓或死貓，永遠不會看到一隻既生且死的貓——儘管量子力學的定律說兩種版本的貓都存在。

實驗者沒有發現另一個版本的貓，是因為他只能存在於兩條時間軸的其中一條，看不到另外一條時間軸。

這就是艾弗雷特的論點：我們從沒看過殭屍貓或既發射

又沒發射的槍，是因為我們一看見這些物體，就會立刻分裂出多條時間軸，不同版本的我們會看到不同的——明確的——結果。

我把這兩組括量（活貓組與死貓組）稱為「故事」或「時間軸」，但你也可以用另一個詞來形容它們：「宇宙」。這是因為與「生」和「死」時間軸有關的一切，都會隨著時間發生翻天覆地的變化。

例如看到死貓的實驗者可能會非常悲傷，最終辭去工作，原本他將發明一種造福千萬人的重要技術，卻因此錯失機會。一個小小電子的旋轉方向，造成「生」與「死」宇宙之間的巨大差異。

依照這個脈絡，圍繞著我們的電子和其他粒子都過著平行人生，多重宇宙不斷分裂，製造出新的時間軸或宇宙，並產生各種可能的互動結果。

想當然耳，艾弗雷特的想法與人類對於現實本質的傳統觀念大相徑庭。但這並不代表波耳神奇的量子塌縮與愛因斯坦的隱藏版變量沒那麼誇張。事實上，這場量子說故事大賽逼得物理學家不得不承認一件事，那就是無論到最後由誰勝出，我們都會發現宇宙的古怪超乎任何人的想像。

你應該想像得到，若依照波耳、愛因斯坦或艾弗雷特的詮釋徹底重塑你的宇宙觀，在屬於你的宇宙裡對你來說最重

要的東西將會受到重大影響，這樣東西就是：你。

這是你的量子力學腦

量子力學的每一種詮釋，都要求我們以截然不同的方式從零開始重新定義我們的自我了解。

波耳的詮釋帶出一個問題：人類或動物是否擁有某種特性，導致量子系統在被我們觀察的時候擺脫多重性，瞬間塌縮？意識或觀察真的有什麼神奇力量嗎？還是說，塌縮的原因其實沒那麼神祕？

愛因斯坦的隱變量則是會令人懷疑：如果未來早就由隱變量精心規畫和預先確定，那我不就是美其名為「人類」的機器人嗎？這是否意味著我沒有自由意志？如果我沒有自由意志，那我要意識幹嘛？而且，這些隱變量到底是什麼？

艾弗雷特的平行宇宙挑戰的是「你」是否真的存在。畢竟如果「你」注定會在未來的幾分之一秒內分裂成數十億個版本，哪個版本才是「你」呢？全部都是嗎？這對你的人生選擇來說有什麼涵義？對你為自身行為懷有的責任感來說，又代表什麼意義？

這些問題只是一座非常古怪的巨大冰山的一小角。回答這些問題將引導我們發現更多問題，而且其中有許多問題過

去並不屬於物理學的範疇。例如：人類是宇宙裡唯一的智慧生物嗎？宇宙是為人類而創造的嗎？死後有來生嗎？泛靈論才是正確的嗎？原子有意識嗎？為什麼純天然花生醬老是分離出一層浮油，得花無敵久的時間才能攪拌均勻？

量子理論的潘朵拉盒子是個意外。科學進步向來意味著人類對宇宙基本性質更有把握，對現實的了解更加清晰，這種情況持續了好幾個世紀。突然之間，量子力學打開我們以為永遠封閉的大門，搞不好會讓我們的物理觀念再次陷入混沌與未知。

接下來，我們要透過幾種量子力學理論的視角重新探索世界。看看它們如何各自用大相逕庭的故事描述宇宙、生命、人類和人類的宇宙意義。我們會看到這些想法對那些與物理學完全無關的事情（例如社會和法律）發揮重大影響。從某種意義上來說，我們要探索的是「是非對錯」的物理學。

我們將看到科學香腸的製作過程有多麼雜亂、政治、荒謬，以及學術界如何利用我們對現實的理解來操弄政治。

第2章
意識塌縮和靈魂的物理學原理

　　古埃及人治療牙痛的方法是殺一隻老鼠，屍體磨成肉泥，再將老鼠肉泥抹在痛牙上。

　　如果你最近看過牙膏廣告，那你應該知道十個牙醫有九個願意接業配。但我想再怎麼熱衷業配的牙醫也會跟老鼠肉泥劃清界線，就算有知名牙膏品牌把老鼠肉泥包裝成精美的牙膏，牙醫也會抵死不從。

　　我想說的是，碰到重要的問題時，我們一開始想到的解決方法通常不是最佳解：在牙刷發明之前，我們不得不經歷使用老鼠肉泥的階段。口腔健康如此，量子力學亦然。

　　殭屍貓問題剛被發現時，顯然被視為一個無解的問題。對當時的人來說，量子力學預測的宇宙應該充滿半活半死的貓，或是同時朝四面八方飛來飛去的棒球。但這些預測都不符合我們的日常經驗。

　　物理學家才剛剛花了幾個世紀的時間，說服自己相信宇

宙裡的每一種現象都能用物理學解釋，豈料這個橫空出世的新理論一出手就砸了招牌，著實令他們坐立難安。所以他們立刻接受第一個跳出來解釋殭屍貓的理論，儘管這是一個半吊子理論。

這個答案——量子理論的老鼠肉泥——就是尼爾斯・波耳對量子力學的塌縮詮釋。前面已提過，波耳宣稱我們從沒看過殭屍貓（或其他同時表現多種行為的大型物體）是因為「觀察」會導致這些尚未明確的系統塌縮成單一結果，也就是我們看到的結果。

但是這衍生出另一個問題：什麼行為才算是「觀察」？

讓我們回想一下殭屍貓的配置。探測器探測到灰色的電子，觸發（或沒有觸發）一把槍，進而決定貓的生死，然後才被實驗者看到。令殭屍貓塌縮的「觀察」是發生在實驗者打開盒子查看內部的那一刻，貓聽到槍響的那一刻，還是槍接收到探測器訊號的那一刻？或甚至更早，發生在探測器探測到電子的那一刻？

以上這些步驟似乎都可以視為「觀察」。但物理學家不喜歡模稜兩可，所以波耳的主要挑戰很快就變成解釋這神奇的塌縮確切發生於何時。

波耳的回答是宇宙包含兩種不一樣的物體：一種是「小型」物體，例如原子和電子，它們可以同時存在許多地方（或

同時做許多事情）；另一種是「大型」物體，當大型物體被用來「觀察」小型物體時，它們會讓小型物體塌縮成許多狀態的其中一個狀態。

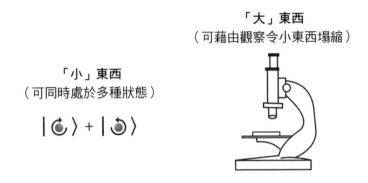

「大」東西
（可藉由觀察令小東西塌縮）

「小」東西
（可同時處於多種狀態）

因此根據波耳的說法，只有「大」東西能讓小東西塌縮，原因是……呃，我猜，它們很大。他並沒有提供更多解釋。另一方面，像電子這樣的「小」東西可以同時存在許多地方，或是同時做許多事情，但是完全沒有塌縮的能力。

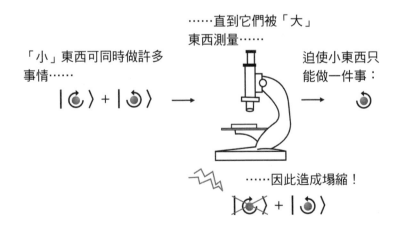

……直到它們被「大」
東西測量……

「小」東西可同時做許多
事情……

迫使小東西只
能做一件事：

……因此造成塌縮！

波耳認為「大」東西與「小」東西遵循不一樣的規則，也就是不一樣的物理定律。他說宇宙有兩套規則。

　　接下來你可能想問，「為什麼大東西會跟小東西不一樣？宇宙如何決定哪些東西可以讓其他東西塌縮？」

　　老實說，波耳也不知道。不過他沒有努力找答案，反而想出一些俏皮話來敷衍對他的垃圾理論提出質疑的人。他最愛講的一句話是「我們口中所謂的真實，都是由不能被視為真實的東西組成的。」這句話到底是什麼意思？

　　儘管波耳的說法含糊不清，但物理學家真的太想解決殭屍貓問題，所以大部分的物理學家接受了波耳的解釋，沒有提出太多質疑。宇宙是由「滿大的東西」與「滿小的東西」組成的，這個荒謬的觀念成了許多世界頂尖量子物理學專家的預設立場，這種情況持續了一段時間。沒人真的知道如何定義「大」與「小」，而多數人根本不在乎。「別吵，趕緊計算！」是當時的主流態度。

　　順帶一提，這種「別吵，趕緊計算」的態度並非量子力學獨家擁有。許多科學家與哲學家都認為，科學不應該把精神放在理解「世界的模樣」。他們說，科學僅須關心能否做出正確預測。如此一來，我們就能避開「原子是什麼」或「能量是不是『真的』」等棘手的論點，把納稅人的錢花在更「有趣」的事情上，例如把電子的電荷質量比再往後多算十個小

數點，或是別的什麼事。

說實話，我認為這種觀點相當愚蠢，而且有拖累科學進步之虞。科學界最大的進步──尤其是物理學──通常始於假設真實世界中存在某種新物體或新作用，然後基於假設做出可以驗證的預測。例如在發現原子之前，必須先有人猜測原子的存在，然後基於這項猜測來預測若是原子真的存在，流體應當會有怎樣的表現──也就是可以驗證。只有當科學家勇於挑戰現況，而不是對現實的本質保持沉默、埋頭安靜計算，這套流程才有用。

描述現實或許能使科學變得更加強大，但並非所有的描述都是有用的──例如波耳和他那荒唐的理論。如果你也和我一樣，認為物理學不應只是準確預測，更應該解釋宇宙現象，當你看到物理定律在「大」東西與「小」東西之間畫一條神祕界線，還不准大家質疑這條界線是什麼或為何存在，一定會覺得愚不可及，而且非常失望。

幸好波耳的理論沒有成為定論：仍有許多物理學家堅持尋找「大」與「小」之間的界線以及背後的原因。事實證明，他們的努力將帶來一個非常重要且出乎意料的結果。

有史以來第一次，意識進入了物理學的範疇。

心靈能發揮物理作用嗎？

　　約翰‧馮‧諾伊曼（John von Neumann）八歲就會算微積分，十九歲已發表兩篇學術論文，並即將獲頒匈牙利的國家級數學獎。這位數學家絕頂聰明。別難過，天才也有缺點。我相當確定他唱歌很難聽，而且廚藝大概也很糟糕。

　　馮‧諾伊曼指出波耳詮釋裡的一個主要問題：有塌縮能力的「大型」物體，應該都是由沒有塌縮能力的「小型」物體構建而成——波耳用來解釋原子與電子塌縮的顯微鏡與測量儀器，本身就是由原子與電子組成的呀！

　　如果組成顯微鏡的每一個原子都可能過著次原子的雙重人生，那顯微鏡也應該同時處於多種狀態才對吧？果真如此，以顯微鏡進行觀察的人類不也應該是這樣嗎？

　　馮‧諾伊曼證明的是，「大」與「小」之間沒有明確的區分理由。如果顯微鏡底下的原子在觀察的那一刻塌縮，造成塌縮的可以是顯微鏡，也可以是透過顯微鏡觀察的人類，兩種說法都合理。這條「觀測鏈」的每一個環節，都只涉及一群原子與另一群原子的交互作用。當然，有些原子群有專屬的名字，例如「顯微鏡」「槍」「貓」等等。問題是人類區分這些原子群的方式非常隨興，很難看出這樣的區分有何意義。

因此，我們沒有理由懷疑觀測鏈上的任何一環都有可能導致塌縮。馮・諾伊曼認為，實驗者的身體（同樣是由原子組成）沒有理由不會分裂，就像電子或觀測鏈上的其他物體一樣。他的觀點其實與前一章的多重世界平行宇宙方向一致——而且時間早了幾十年！

不過，馮・諾伊曼依然相信塌縮必然發生於某個時刻。他無法接受世界各地忙著做實驗的研究者都既看過也沒看過既生且死的貓。

這使他進退兩難。物質都是由原子組成，而原子無法單獨造成塌縮，因為它們很「小」，小東西沒有這種能力。也就是說，只有行為完全不像由原子所構成的東西，才有可能造成塌縮——這東西遵循的規則和宇宙萬物都不一樣！

不論這東西是什麼，馮・諾伊曼知道它都不可能由普通物質構成：它必定是非物質的，甚至是無形的。在他看來，宇宙確實含有某種實體，這種實體

1）完全是非物質的（並非由原子組成）；

2）有導致物質塌縮的神奇能力；

3）追蹤人類觀察的萬事萬物，並且在我們有機會發現它們是否同時存在於許多地方、做許多事情之前，讓它們塌縮成一種狀態。

馮・諾伊曼愈想愈覺得，這種奇怪的實體很像某種靈魂或意識。他稱之為「抽象自我」（abstract ego）。

　　讓我們回顧一下殭屍貓，並且用馮・諾伊曼的觀點來分析牠。一開始的情況跟前一章差不多——電子同時往兩個方向旋轉……

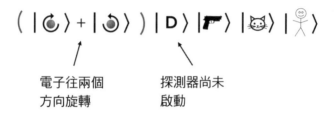

電子往兩個
方向旋轉

探測器尚未
啟動

……然後被探測器的探測到……

探測器「分裂」成兩個：一個探測到電子順
時針旋轉後被觸發，另一個沒有反應

……探測器向槍發送訊號……

$$(\, | \circlefts \rangle | D_\checkmark \rangle | \text{槍}^* \rangle \, + \, | \circrights \rangle | D \rangle | \text{槍} \rangle \,) \, | \text{貓} \rangle | \text{人} \rangle$$

探測器把槍分裂成兩個狀態，一把「已發射」，
一把「未發射」

……槍殺死（也沒殺死）貓……

$$\underline{(\, | \circlefts \rangle | D_\checkmark \rangle | \text{槍}^* \rangle | \text{貓} \rangle} \, + \, \underline{| \circrights \rangle | D \rangle | \text{槍} \rangle | \text{貓} \rangle} \,) | \text{人} \rangle$$

順時針旋轉，探測器被觸發，　　逆時針旋轉，探測器未觸發，
槍發射，貓死掉　　　　　　　　槍未發射，貓活著

……接著，輪到實驗者。

別忘了：實驗者的身體也遵循量子力學定律，所以也會分裂成兩個版本——前提是馮・諾伊曼想像中誘發塌縮的意識確實存在：

意識 →

$$(\, | \circlefts \rangle | D_\checkmark \rangle | \text{槍}^* \rangle | \text{貓} \rangle \, + \, | \circrights \rangle | D \rangle | \text{槍} \rangle | \text{貓} \rangle \,) | \text{人} \rangle$$

馮‧諾伊曼認為，這種非物質的意識似乎能追蹤實驗者的觀察目標，並立刻使我們關注的焦點塌縮，讓我們只能看見單一的、明確的結果：

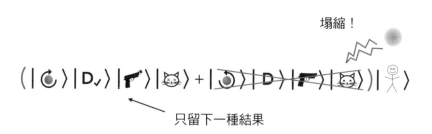

只留下一種結果

　　馮‧諾伊曼的推測止步於此。他從未試圖說明意識如何追蹤我們關注的焦點，進而知道何時該啟動塌縮。他也沒有表示他知道意識在形塑我們對世界的體驗中扮演怎樣的角色。因此，你或許會覺得他的推測站不住腳——只是用一個謎團來解釋另一個謎團。

　　儘管如此，他試圖解釋波耳的塌縮詮釋中比較嚴重的幾個問題，仍是值得敬佩的嘗試。他的方法也為意識（或類似意識的東西）第一次在物理定律中找到一席之地。對於人類的自我了解來說，這是真正的輝煌時刻，值得認真看待。

　　請記住，在馮‧諾伊曼提出他對塌縮觀念的推論之前，人類追求科學知識跨出的每一步，可以說都在把意識與心靈之類的觀念推向邊緣。突然之間，不知道從哪兒冒出一個有

理有據的論點，告訴我們自然界並未排除人類心智裡短暫的、無形的部分也能發揮作用。事實上，如果你接受馮‧諾伊曼的邏輯，自然界似乎不能沒有它！

馮‧諾伊曼的觀點引來諸多爭議，這不難理解。他的觀點很激進，也很令人擔憂，並且引發關於人類本質的基本問題。

雖然我個人並不相信塌縮理論，但我不得不承認馮‧諾伊曼的論點不是唯一支持塌縮的論點。

物質有意識嗎？

「意識」這個詞很有趣，用起來容易，定義起來卻很難。

遺憾的是，無法定義的詞彙不能用來研究科學。如果你想把「意識」從手拿菸斗的哲學家的書房裡，移植到穿白袍、發射雷射光的科學領域，你必須先搞清楚「意識」到底是什麼東西。

這並不容易。哲學家思索了好幾千年後，最好的答案居然是：某個東西有意識的前提是行為表現「像某個東西」。我是不知道你怎麼想，但是念哲學的人在研究「意識」長達幾千年只想出這樣的答案，我是滿失望的。這答案沒什麼參考價值。

這正是問題所在：不管從哪個角度切入，科學就是無法直接觸及意識。科學把世界當成由無生命的物體建構而成的地方，但意識非常主觀：我不可能把我的意識拿出來給你看，你也同樣做不到。如果我們無法對彼此展示自己的意識，或是拿根棒子戳一戳對方的意識，實在很難知道怎麼用科學研究意識。

事實上，我之所以相信你有意識只是因為你的行為表現幾乎和我一模一樣。因此我直接假設你擁有和我一樣的內心獨白與電影般的小世界，包括隨之而來的各種氣味、聲音與「第一人稱」視角。但是，我無法確定你真的擁有意識！

無論有多少科學阿宅投身研究，也不管我們投入多少經費，科學就是沒有直接研究意識所需的詞彙。儘管如此，我們都知道意識確實存在，因為大家都擁有意識。那麼，我們該如何透過科學來理解意識呢？

最近有一位髮型奔放的業餘藍調歌手兼哲學家，叫大衛．查默斯（David Chalmers），他主動舉手回答這一題。

查默斯認為——而且我猜他的團員也同意他的看法——如果科學用來描述世界的基本詞彙（例如「質量」「電荷」「磁場」等等）不足以解釋意識，或許我們需要更多詞彙。或許我們必須把意識本身想像成自然界的基本構成要素！

看在像查默斯這樣的人眼裡，如果想要建立一門意識科

圖片來源：“David Chalmers, Arizona” by Zereshk via CC BY 3.0.

學，我們必須把意識當成宇宙裡一種全新的東西。唯有如此，我們才能在物理學裡幫它找個容身之處。

我們現在很難確知馮・諾伊曼當初提出意識塌縮的時候，是否也遵循相同的思路。不過，意識塌縮確實與查默斯等哲學家認為解決意識難題必須採行的策略不謀而合。

馮・諾伊曼的想法一次搔到兩個癢處：一方面，他的想法提供了一種具體的意識觀，我們終於找到可以著手的切入點，還能把它直接加進既有的物理學理論中；另一方面，他的想法似乎真的有助於解決殭屍貓問題。他的想法也打開了

幾個有趣的可能性：如果意識——人類知覺的源頭——真的是獨立於身體的存在，身體消亡之後，意識會不會繼續存在？我們是不是正在討論可以合理稱之為「靈魂」的東西？

好吧，我也不想潑你冷水，但無論這些想法多麼令人興奮，都只是尚未成熟的初步想法。事實上，馮・諾伊曼的模型留下超多很難回答又很尷尬的問題。

比如說，它沒有解釋這神祕的意識到底何時啟動塌縮。畢竟「觀察」不是瞬間完成，而是一系列的步驟。首先，光要抵達你的眼睛，視神經受到刺激後，傳送訊號給大腦。塌縮是發生在光從殭屍貓抵達你的眼睛之前？眼睛把實驗結果的訊號傳送給視神經之前？視神經通知大腦觀察結果之前？還是說在某個時間點，大腦內部會「注意」或處理觀察？

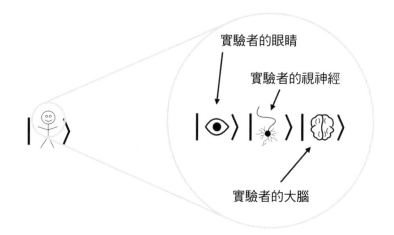

因此你可以說馮‧諾伊曼的解釋好像沒什麼用。只要把觀察的過程拆解成步驟，就說不清楚實驗者的非物質意識到底是什麼時候知道應該介入並且造成觀察目標塌縮。

馮‧諾伊曼解釋不了意識如何知道要讓什麼東西塌縮、何時塌縮，也解釋不了你的非實體意識藏在物質宇宙的什麼地方。他的想法或許大有可為，但是在某種程度上，只能算是治標不治本。

不過，他描繪的這個充滿無意識量子物質與非物質意識的宇宙雖然不夠完整，卻為一個思想新世代奠定了基礎，用來討論觀察者與意識在量子理論中所扮演的角色。

量子神祕主義即將大放異彩。

第3章
和宇宙同為一體？

迪帕克‧喬布拉（Deepak Chopra）可能是全世界最為有名的量子神祕主義學家。他經常說一些聽起來很酷的金句，例如「觀察者是非局域性意識，而這種意識會把自身可能性的波動塌縮成可以測量的事件。」喬布拉功成名就：二〇一四年他已出版將近八十本書，累積的財富估計高達八千萬美元。

如同許多生性多疑的物理學家，我一直以為他的成功配方是這樣：

一份　量子詞彙（華而不實的那種）

一份　新時代冥想玩意兒

一份　容易上當的觀眾／讀者

****

攪拌至材料起泡，或是攪拌至作品晉身暢銷書排行

榜。

在我看來，此人專靠曲解量子力學詞彙賺大錢。

直到有一天，我收到多倫多大學物理系的一封email。他們正在清理辦公室裡的舊課本，問我有沒有興趣接收一些。任何研究生只要聽到「免費」二字，都會立刻放下手邊的工作飛奔過去，我也不例外。所以我手刀衝向物理系系辦。不過我到的時候，只剩下一本書。

書名是《量子力學》（*Quantum Mechanics*），作者是個叫做阿密特・哥斯瓦米（Amit Goswami）的傢伙。

當時我還不知道的是，這位仁兄不但是貨真價實的核子物理學家，也是迪帕克・喬布拉那種量子力學的最佳代言人。儘管我不相信他的論點，卻也無法否認他的量子神祕主義確實比我想像得更有說服力。

我在什麼都不知道的情況下翻開這本書，想看看裡面有沒有討論到殭屍貓問題。找到了，就在第五〇三頁，只是跟我預期的不太一樣。我曾經認為量子力學絕對不可能用來解釋迪帕克・喬布拉瞎掰胡謅的宇宙意識，但我在這本書裡找到最佳例證。

我認為這是一個重要的教訓，而且這不是我第一次被迫學到教訓：如果你所有的朋友都認為某個想法很爛，你一定

要確認他們有沒有花力氣去研究這個想法。他們很可能只是集體陷入一種無意識的心理暗示儀式裡，這種情況比你想像得更常發生。以量子神祕主義來說，我懷疑那些說「哥斯瓦米顯然在胡說八道」的物理學家裡，真正了解他們大力批評的理論的人不到十％。其實在我終於花時間了解這個理論之前，我也和他們一樣。

我來翻譯一下，幫助大家了解哥斯瓦米的理論重點。看完之後，你的了解將幾乎超越每一個物理學博士……這句話不僅適用於物理學和物理學家，也適用於其他情境。

宇宙是有層次的蛋糕

一九六〇年代，大部分的人都相信波耳的塌縮概念。當時的主流想法是，像電子這樣的東西在被觀察之前，可以表現得彷彿往多個方向同時旋轉或是同時存在多個地點。

但是僅因為電子「表現」得很像同時往兩個方向旋轉，是否代表電子真的這麼做呢？有沒有可能它正在做另一件事，而這件事可以讓它看起來像是在多向旋轉？

哥斯瓦米認為有此可能。根據他的說法，電子在被觀察之前，它……根本不存在！或至少不屬於我們所處的現實世界。同時做很多事的量子粒子住在另一個存在空間，哥斯瓦

米稱之為「潛在世界」（world of potentia）。潛在世界裡有各種可能的觀察結果，例如「電子順時針旋轉」與「電子逆時針旋轉」。每當有人觀察電子，其中一種可能的結果就會從潛在世界裡突顯出來，進入現實世界。根據哥斯瓦米的理論，塌縮就是這樣運作的。

簡而言之，粒子會同時做不一樣的事很奇怪，而哥斯瓦米想讓這件事看起來沒那麼怪，所以他說：「安啦，至少粒子不是在現實世界裡同時做很多不一樣的事！那些奇怪的現象都發生在潛在世界，所以不算數，對吧？」

他認為尚未被觀察的電子並不存在——那時它還不屬於我們看得見的現實世界。而我們認為「同時做許多事」的量子物體，僅是「潛在觀察結果」。潛在世界裡有各式各樣的潛在觀察結果，等待著塌縮後變成真實的存在。

我們再次以殭屍貓為例，具體了解一下潛在世界的概念。在被觀察之前，殭屍貓盒子裡有：電子、探測器、槍、貓，它們都正在同時做兩件事，也就是有兩種可能性：順時針旋轉，探測器啟動，槍發射，貓死掉；或是完全相反。這兩種可能性不存在於現實世界，只存在於潛在世界：

$$|\circlearrowleft\rangle|D_{\checkmark}\rangle|\text{🔫}\rangle|\text{🐱}\rangle + |\circlearrowright\rangle|D\rangle|\text{🔫}\rangle|\text{🐱}\rangle$$

潛在世界

觀察世界

〔尚未「存在」的電子、探測器、槍、貓〕

　　哥斯瓦米說，其實殭屍貓不是一隻「既生且死的貓」。比較像是一隻貓既有可能活著，也有可能已死，也就是有兩種可能性——兩種可能性都尚未成真。只有在有人觀察貓的時候才會發生塌縮，將潛在世界裡的其中一種可能性拉進現實世界裡。哥斯瓦米把這個現實世界稱為「觀察世界」（the world of observation）：

潛在世界

觀察世界

$$|\circlearrowright\rangle|D\rangle|\text{🔫}\rangle|\text{🐱}\rangle$$

觀察

以這個角度來說，觀察變成一種創造行為：那一刻，一連串純粹的可能性變成具體結果，進入現實世界。

於是，我們的宇宙分裂成兩個世界。一個是潛在世界，這裡只有各種潛在的結果——殭屍貓、灰色的電子等等。另一個是觀察世界，這裡只有「已塌縮的東西」，一次只存在於一個地方、只做一件事情。舉例來說，我們的身體存在於觀察世界，因為我們時時刻刻都在觀察自己的身體。

神奇的是，我們沒有足以反駁這個理論的明確理由。事實上，它與波耳、馮·諾伊曼等人提出的想法幾乎一樣合理。平心而論，我們前面也說過波耳的觀點毛病不少，所以這好像也沒什麼了不起。

不過根據哥斯瓦米的研究，量子力學確實為宇宙的層次結構提供了理論基礎。

這相當瘋狂——但沒有瘋狂到能夠解釋，哥斯瓦米與喬布拉為什麼能靠賣書賺取暴利。若要了解背後的原因，我們必須再深入一點。

趕緊上車，沒用的東西*。我們接下來要探索的是宇宙意識。

---

* 這裡只是借用電影《辣妹過招》（*Mean Girls*）的經典台詞。我個人當然覺得你非常有用。

集體意識

哥斯瓦米想出雙重宇宙觀之後，提出一個看似無害的問題：如果有兩個人在同一時刻觀察同一隻殭屍貓或同一顆灰色電子，會發生什麼事？

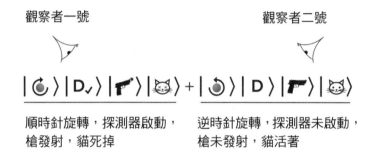

順時針旋轉，探測器啟動，　　　逆時針旋轉，探測器未啟動，
槍發射，貓死掉　　　　　　　　槍未發射，貓活著

這個問題沒有表面上那麼單純。根據波耳的塌縮理論，一個人觀察「既生且死」的貓的那一刻，「觀察」會讓貓塌縮成生或死的狀態：

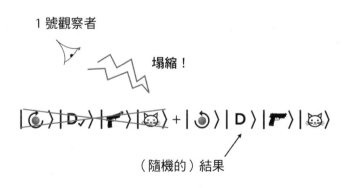

如果有第二個人觀察同一隻殭屍貓，這兩個人之中，誰會觸發塌縮呢？大自然只是隨便選一個，無視另一個嗎？兩個觀察者的意識會透過心靈感應，討論該由誰來塌縮貓嗎？

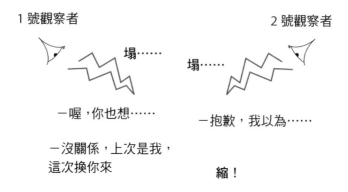

1 號觀察者　　　　　　　　　　　2 號觀察者

塌……　　　　塌……

－喔，你也想……　　　　－抱歉，我以為……

－沒關係，上次是我，
這次換你來　　　　　　　縮！

呃……這個想法似乎行不通。我的意思是，我們真的能夠接受兩個觀察者的意識會先神奇地溝通一番，討論這次要塌縮的是活貓還是死貓嗎？而且這種溝通還發生在觀察者雙方都不知情的情況下？

呃，別鬧了………

我認為這個想法最大的問題，是太想要把意識塞進量子力學裡。

但哥斯瓦米不這麼想，他認為問題出在我們對意識有誤解。

說不定觀察者的意識不是分開的？說不定意識的某個層面是共同擁有的——不只是碰巧觀察同一隻殭屍貓的兩個觀察者，而是宇宙裡每個角落、所有的觀察者。

說不定兩個觀察者的意識根本不用藉由心靈感應來溝通，因為它們……屬於同一個集體意識？

這是哥斯瓦米的理論核心：每一個觀察者都屬於一個共有的集體意識，所有的塌縮都是這個集體意識造成的。

這是不可思議的想法：我們住在一個分層的宇宙裡，這個宇宙有兩個世界：一個是我們能夠觀察的世界，一個是只有潛在觀察結果的世界。可以讓東西在這兩個世界之間移動的是某種集體意識，每一個人類和夠格的「觀察者」都擁有這種集體意識。

我們等一下會聊到這個理論裡有幾個值得討論的問題，但我想先承認這個理論雖然看起來荒誕不經，但目前看來它的合理性與波耳和馮·諾伊曼的理論差不多。事實上，它可以說是這兩個理論的修正版，因為它解決了「兩個觀察者」的問題！

這很了不起：直到今天仍有物理學家對波耳的看法照單全收（這一點終於漸漸有些改變）。波耳的理論受到廣泛接

受，而哥斯瓦米雖然可說是改良了波耳的想法，但幾乎沒有物理學家願意公開支持他的宇宙意識。

就我所知，物理學家寧願接受像波耳那樣不完整的解釋，也不願接受加入「意識」這種神祕元素、令他們感到可笑的理論。但我們很難否認這是一種審美上的偏好，遠遠沒有物理學家以為得那麼有憑有據。

其實，這件事非常重要。物理學家確實喜歡看起來「很科學」的理論。很科學的理論可以怪怪的沒關係，但是僅限於特定的古怪。目前與意識、靈魂或甚至多重宇宙有關的物理學理論都是逆風前行，處境艱難。（以前不是這樣。一直到十九世紀，西方世界依然普遍認為意識是現實結構的重要元素。）

一個領域裡少數頂尖人物的審美偏好，不僅可以影響該領域的發展方向，也會影響社會對該領域的整體看法。正因如此，學術界小心眼的勾心鬥角才會如此有害：一、兩個有影響力的關鍵人物僅僅因為膚淺的審美偏好，就能出手打壓他們覺得太奇怪的理論。

所以，雖然我不同意哥斯瓦米的解釋，但我無法否定它很有創意，也彌補了波耳與馮・諾伊曼的理論漏洞。不過，這並非大家被哥斯瓦米的理論吸引的唯一原因。其實它還有一個優勢：

「什麼優勢？」你問。

答案是：火星殭屍貓。

火星殭屍貓

波耳的宇宙觀裡最具爭議的一點是，它使超光速效應成為一種可能性。

這是個大問題。任何東西——包括粒子、力和其他物理作用——移動速度都不會超過光速，這是現代物理學早已確立的觀念：宇宙是有速限的啊！

這個觀念待會兒再聊，只要先知道光速為極速的想法一旦被推翻，人類對物理學的理解將迅速崩解，消失得比黑棗汁工廠廁所裡的衛生紙還快[1]。從全球定位GPS到雷達，許多技術都奠基在宇宙速限的概念上——甚至直到今天，如果你向物理學家質疑這件事，他們仍會坐立難安。

波耳的塌縮模型為什麼違反了宇宙速限呢？

讓我們再次回顧殭屍貓實驗，但這次我們假設電子、探測器、槍都距離貓非常、非常遠——遠到位在另一顆行星上。我們把電子、探測器、槍放在地球上，貓放在火星上好

譯註1：江湖傳聞黑棗汁有通便效果。

了。而且,雖然位在不同的行星上,卻依然在同一個盒子裡,因為盒子的技術已經非常先進之類的:

如果槍發射,子彈會花一點時間才射到貓,但我們假設子彈一定會命中目標,所以結果跟之前一樣:貓會死掉。

啟動旋轉探測器。跟之前一樣,它探測到電子,然後分裂成兩個版本:一個探測到順時針旋轉的電子,然後被觸發;另一個探測到逆時針旋轉的電子,沒有被觸發。接著──也和之前一樣──訊號從探測器發出(未發出),槍接收到訊號之後發射(未發射)。

終於,過了一會兒,子彈擊中(未擊中)貓,於是我們有了一隻星際殭屍貓:

地球   火星

順時針旋轉，觸發探測器，槍　　$|\circlearrowright\rangle\rangle|D_\checkmark\rangle\rangle|\blacktriangleright\rangle$　　　　$|😺\rangle$
發射，火星貓死掉
　　　　　　　　　　　　　　　（兩者同時並存）　→　+

逆時針旋轉，未觸發探測器，　　$|\circlearrowleft\rangle\rangle|D\rangle\rangle|\blacktriangleright\rangle$　　　　$|😺\rangle$
槍沒有發射，火星貓活著

　　宇宙現在同時存在兩種情境。情境一：地球上有一顆電子順時針旋轉，旁邊有一台已觸發的探測器和一把發射過的槍，而火星上有一隻剛剛被槍射死的貓。情境二：電子逆時針旋轉，探測器與槍沒有動靜，火星上的貓依然快樂地活著。

　　如果有一位實驗者打開這個星際盒子，看一看這隻貓，會發生什麼事呢？

　　還是跟之前一樣，貓、槍、探測器、電子被迫全體塌縮。若我們看到的是一隻死貓，必然意味著槍發射了，電子是順時針旋轉：

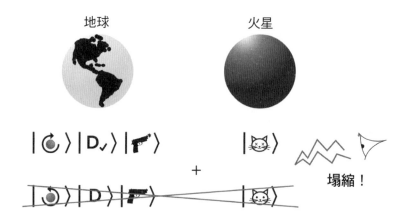

　　但是問題來了：實驗者只看見貓，而貓的塌縮效應導致位在另一顆星球上的槍、探測器與電子同時塌縮！

　　從火星移動到地球，用光速至少需要三分鐘。火星上的實驗者只看了貓一眼，就立刻對地球產生直接影響。據我所知，這就叫做超光速物理學！

　　物理學家非常不喜歡這種想法，他們幫這種效應取了一個特別的名稱，叫「非局域性」（nonlocal）。非局域性效應通常被視為大忌，除非你有非常充分的理由，否則相信非局域性效應的你八成會遭到同儕排擠，還會被嘲笑到淚奔衝出教室。

從火星殭屍貓到宇宙意識

波耳的塌縮理論為非局域性效應開了一扇門，這不是多數物理學家能輕易接受的事。超光速的東西很古怪——不是讓物理學家熱血沸騰的那種古怪，是會讓他們緊張兮兮的那種古怪。

大家都知道，愛因斯坦非常不高興量子物理或許能讓非局域性效應有容身之處。單就這一點來說，他與哥斯瓦米有志一同。

哥斯瓦米想出一個解釋來為超光速效應解套，那就是超光速效應僅適用於潛在的觀察結果（例如火星殭屍貓），「真實」的物體並不適用。以光速為極速的物理定律，不適用於潛在的結果！畢竟，潛在世界為什麼要遵循觀察世界的規則呢？我們已經知道這兩個世界在某些方面是不一樣的：例如住在觀察世界的貓不會既生且死。我們確實沒有理由相信光速是極速在這兩個世界裡都成立！

因此，哥斯瓦米的理論在潛在世界裡推翻光速是極速，並藉此保全了現實世界裡的光速限制。

果真如此，哥斯瓦米的潛在世界是個相當瘋狂的地方。粒子可以在這個存在空間裡同時往多個方向旋轉，而且我們所理解的許多物理定律在這個地方完全不適用。這是一個充

滿純粹可能性的地方，每一個事件的每一個潛在結果都可以同時發生，直到有意識的觀察出現，把其中一種結果變成「現實」。

在這個理論中，意識也變得非常特別，因為它是塌縮背後的力量——而塌縮是把東西從潛在世界移動到觀察世界的唯一效應。意識就像一座橋，把構成宇宙的兩個存在空間連在一起：

我再怎麼對哥斯瓦米的想法嗤之以鼻，都找不到明確的實證來反駁它！

至少它的優點是難以忽視的。在我看來，它解決了塌縮理論的兩個難題：「如果兩個人同時觀察殭屍貓會怎麼樣」，以及「量子力學不應該惡搞超光速」。

如果你像我一樣，想用力搖著頭說：「這實在有夠荒謬，

我不敢相信你居然花時間討論這種東西，我還不如打開Netflix把《宇宙大探險》（*Cosmos*）再看個第三遍。」請容我提醒你，一個理論「聽起來很奇怪」不等於「不成立」：物理學做過很多同樣瘋狂的預測，例如人類是由星塵組成的，還有黑洞附近的時間會變慢。再多加一個跨維度的宇宙意識，又有何不可呢？

就是這樣，瘋狂指針已經來到最高的十度，但哥斯瓦米決定再往上調一度。

指針轉到十一

請耐心聽我說完：有沒有可能，整個宇宙都存在於同一個意識裡面呢？有沒有可能，看起來是真實的東西──也就是我們身邊的一切──其實都鑲嵌在一個無所不包的意識網絡裡呢？

是這樣的：哥斯瓦米認為，意識藉由塌縮把潛在事件拉進現實裡。這麼說吧，意識像膠水，把觀察世界與潛在世界黏在一起。

所以意識顯然不是僅存在於觀察世界或潛在世界，而是能在兩個世界遊走。那有沒有可能反過來，是這兩個存在空間被包含在那個意識裡面呢？我的意思是，如果唯有意識是

我們在這兩個存在空間裡都能找到的東西，是不是因為它其實大於這兩個存在空間呢？

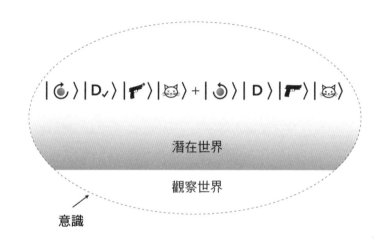

由此推導出結論：萬事萬物都存在於意識裡。

哥斯瓦米認為，這比馮·諾伊曼的「心智魔法」塌縮理論更勝一籌，因為不需要心智直接對觀察世界發揮影響。一切早已存在於心智之中，所以塌縮成了心智的內部活動：它所做的只是把東西從意識裡我們無法直接進出的地方（潛在世界），挪到我們可以直接進出的地方（觀察世界）。

我覺得我應該再次強調，我個人不相信這個理論。但至少我不能斬釘截鐵地說它可被破解，或是有明確的理由證實它是錯的。我擔心大部分的物理學家欠缺這樣的認知，純粹

基於審美好惡就反對這個理論：任何理論只要納入意識，都一定會引發爭議。

因此，在我拿出冷水嘗試澆熄哥斯瓦米引發的這場大麻煩之前，我想先說說如何利用你剛剛得到的新知識，來解讀新時代運動裡幾個最神祕的語彙。

解讀新時代經典

我在本章開頭引用了喬布拉的一句話，當時聽起來很像胡扯：「觀察者是非局域性意識，而這種意識會把自身可能性的波動塌縮成可以測量的事件。」

如果是五年前看到這句話，我會嚇到抽筋倒地口吐白沫。現在我年紀大了些，智慧也多了些——而且你也已經看到這裡——我們終於做好準備，可以理解諸如此類的陳述不是單純的科學詞彙連連看。

我們知道超光速效應在哥斯瓦米的潛在世界裡為什麼是可能的——也就是喬布拉口中的「非局域性意識」。喬布拉說宇宙就是非局域性意識，引用的正是哥斯瓦米提出的、包含萬物的單一意識觀。如同我們先前的討論，這個觀念彷彿、隱約、似乎有點道理。

至於後半部的「意識會把自身可能性的波動塌縮成可以

測量的事件」，說的只是意識造成塌縮，而塌縮會把潛在的結果（可能性的波動）搬到觀察世界，使它們變成具體的、可觀察的東西。

沒錯，好像說得通。

讓信眾以外的人了解自己的想法，或許不是喬布拉的強項。但其實真正令人不解的是，他到底有沒有扭曲量子物理學。有人說他刻意選擇某一種角度，然後將詮釋延伸到極致。但據我所知，他通常不會發表可以被證偽的論述。

物理學家大多沒看清這件事的本質。他們似乎認為喬布拉只是拿量子理論胡扯瞎掰，然後用這些胡扯瞎掰的內容來賣書。我不這麼認為。其實喬布拉的作法，是把一大堆前衛但技術上可行的意識假設塞到量子理論裡，這才是書的賣點。當然，書裡八成也有胡扯瞎掰的東西。

只要你知道這些想法來自連貫的思維，就不難理解為什麼會出現以下的情況：二○一七年石英財經網（Quartz）的記者採訪喬布拉，主題是他在量子醫學方面的研究。記者拿出他的三條推特推文請教他，內容都與量子力學有關。其中兩條是真的，一條是記者自己瞎掰的。她請喬布拉解釋推文的內容，但沒有透露哪一條是假的。喬布拉一眼就看出哪條推文是假的——如果他的思維並未遵循一致的邏輯，不可能做到這件事。

哥斯瓦米與喬布拉的瘋狂是有章法的。在許多方面，他們只是在波耳與馮‧諾伊曼等前輩留下的先例中尋找線索並加以利用。波耳與馮‧諾伊曼等人為量子測量加入意識，在將近一個世紀之前打開了這個潘朵拉的盒子。

沒想到像塌縮這樣一個小小的概念，竟然如此大有可為。

潑冷水時間

我煞費苦心說明了哥斯瓦米對量子理論的詮釋——還有一點喬布拉的觀念——是無法證偽的，甚至比其他更有聲望的物理學家的詮釋更加合理，例如馮‧諾伊曼本人。

可是，這並不代表他們是正確的。

在我細述他們的錯誤之前，先提醒讀者一件事。為了不讓討論偏離焦點——量子力學、自由意志、意識——我不會細述喬布拉怎麼利用量子理論賺錢，例如暗示量子力學可用來建立身心連結、治癒包括癌症在內的致命疾病（他宣稱的療效——我不敢相信我得這麼說——證據少得可憐）。我也絕對不會提到，在我寫作的此時此刻，你可以去他的網站報名為期四天的冥想靜修營，只要在期限內報名，就能享有五千五百美元的優惠價。網頁上有一個顯眼的倒數計時橫幅，倒數結束的那一刻價格將會「上升」，但是沒說會上升

多少。

　　我要把話說清楚，我不會利用這本書討論量子神祕主義產業的骯髒銷售手段，和他們如何猖獗又缺德地牟取暴利。想都別想。我不會這麼做。就從現在開始。

　　我說過，我們要討論的是量子意識的物理學。而這套物理學本身也有問題。

　　哥斯瓦米的理論要成立得有兩個前提，那就是塌縮真的發生，<u>而且</u>是由意識造成的。兩個前提都引發激烈爭論。我看了超多哥斯瓦米的熱門演講影片，多到YouTube演算法把我當成宇宙意識學派的發燒友，可是我從未在任何一支影片中聽到他承認他的理論基礎在物理學界仍是充滿爭議的觀念。他每次談到塌縮，都把它說得像是備受認可的事實。

　　先不說還有其他替代理論，我認為哥斯瓦米的理論最大的問題在於連「意識」的定義都不清不楚。在他的理論裡，意識的某些特性甚至自相矛盾：意識是多人共有的，但是沒有人知道自己正在與他人共享意識。雖然他與新時代量子運動的其他支持者提出各式各樣的延伸觀念，試圖為這些矛盾自圓其說，但這些觀念一看就知道純屬推測，而且與哥斯瓦米最初的宇宙意識論點不一樣，它們顯然已經與量子理論毫無關聯。

　　想要為意識找到明確的定義，讓意識能在物理學理論中

扮演有用的角色，本就是一項艱鉅的挑戰。哥斯瓦米想把我們對世界的意識經驗和他受到量子啟發的宇宙意識連在一起，我只能說，這個立論基礎相當薄弱。他的宇宙意識並非只存在於任何特定的實體裡，而且我也看不出來如果拿掉實體，意識（感知、經驗、自我感覺）還能發揮什麼作用。

為了解釋我的想法，我應該先分享我的個人小故事：我曾在矽谷參與一個叫做 Y Combinator 的新創企劃。請聽我娓娓道來。

在這家新創公司裡，你可以親眼看見未來：這群人深信自己正在打造下一個 Airbnb 或 DoorDash[2]——有時候，這也是事實。這是偉大的夢想、瘋狂的點子與冷酷的現實相互碰撞的地方，而且夢想勝出的機率比你想像的高出許多。

我在那裡工作時，看過這樣一個瘋狂的點子：如果你死掉了，有人把你的大腦以精密到細胞內的程度保存下來，等到幾百年後腦科學更加先進、喬治‧馬汀（George R. R. Martin）也終於把《冰與火之歌》（*A Song of Ice and Fire*）的結局寫完時使你復活，會發生什麼事？

我和研究這個問題的人聊到吵了起來：

譯註2：外送平台，成立於2013年。

我：你確定保存大腦就能保存意識嗎？

他：為什麼不行？

我：我認為不行，因為大腦以外的因素大大影響我的思想。荷爾蒙的分泌、對荷爾蒙的敏感程度、血氧濃度，還有許多取決於其他器官與組織的因素都發揮關鍵作用，它們與大腦攜手合作，為我們創造完整的經驗。如果你一整天的睪固酮濃度都超標二十％，你還是一樣的你嗎？我覺得我應該不是。

他：嗯。

我：有一天我會寫一本書，用更有條理的方式呈現我的論點。這不公平，但俗話說歷史都是勝利者寫的，還是歷史都是作家贏來的……反正就是差不多這個意思。

他本人說起話來當然沒這麼笨拙，但我想強調的是多數人認為的「意識」不僅僅是身體特定部位的活動，更不是一個短暫的、非具體的、抽象的實體。這使我懷疑，我們真的能對意識在量子力學裡扮演的角色進行邏輯一致的討論嗎？

意識塌縮：總整理

從馮・諾伊曼與哥斯瓦米對量子力學的詮釋來看，你到底是什麼？

首先，你確實有身體。你有大腦，而你對世界的感受至少部分由大腦負責。對馮・諾伊曼來說，身體是具體的，由真正的「東西」構成。對哥斯瓦米來說，身體包含在一張巨大的集體意識網裡面。

哥斯瓦米與馮・諾伊曼都認為，構成「你」的不只是一副軀體，還有短暫的意識：而意識負責的工作至少包括讓量子系統塌縮成為現實。他們口中的意識解釋了為什麼你從未看過殭屍貓。意識也是完全非物質的，不遵循支配宇宙裡其他「東西」的法則。根據馮・諾伊曼的說法，意識與殭屍貓互動的時候不會「一分為二」；根據哥斯瓦米的說法，光速是宇宙速限約束不了意識。

若哥斯瓦米與馮・諾伊曼是對的，你的意識可脫離身體、獨立存在，那麼死後有來生就變得更加可信。哥斯瓦米甚至提出相當具體的各種來生版本，包括輪迴轉世，但是就我所知，他在這方面的論點與任何已確立的物理學原理無關。

不過，哥斯瓦米（馮・諾伊曼應該也一樣）很樂意承認

身體對於我們的身分認同以及我們對世界的感受，發揮舉足輕重的影響。例如腦傷可能會讓人忘記名字或親戚的長相，或是造成性格劇變。可是，一旦剔除與身體明確相關的經驗和自我感覺，哪怕你的非物質意識仍在一方漂浮，剩下來體驗來生的「你」能不能算是「你」實在很難說。當然，哥斯瓦米針對這一點也提出了理論——只不過又是屬於「敷衍加瞎猜」。

人類以外的生物呢？宇宙裡只有人類能利用意識嗎？

就連熟悉馮・諾伊曼那一套意識塌縮理論的老手，碰到這一題也常常莫衷一是。所以你會在YouTube影片裡看到知名物理學家大膽推測貓的意識或許可以造成量子塌縮，而青蛙跟昆蟲做不到。

在這些理論為意識提供明確的定義並能夠具體描述意識如何與物質互動之前，這些尷尬的決策點會持續存在：如果量子力學認為成年人類擁有意識，那嬰兒呢？若嬰兒擁有意識，那剛受孕幾秒的胎兒呢？精子與卵子、細胞，甚至是組成它們的原子呢？

若將演化的歷史倒帶，你會看到類似的問題一一出現。若人類擁有意識，為什麼猴子、爬蟲、蕈類、浮游生物沒有？

於是我們一步一步走回原點，與老朋友泛靈論重逢——

或者，如果你是那種事事喜歡做到極致的人，你會跟泛心論（panpsychism）重逢，也就是認為宇宙裡萬事萬物皆有意識。人類近五百年來的知識進步，創造那麼多的發明與方程式，很可能只是畫了一個巨大無比的圈圈，帶領我們走回起點。

許多物理學家和哲學家都遵循這條邏輯線，最後接受宇宙裡的萬事萬物必定都能（至少在某種程度上）取得意識經驗。雖然對今日的許多人來說，這種想法很奇怪，但其實它與人類文明同時誕生、一樣古老。神奇的是，幾千年後的現在它滿血復活，而人類最進步的科學理論可說是最大功臣。

第4章
萬物皆有意識

一九八二年五月，美國電視佈道家帕特·羅伯森（Pat Robertson）預言審判日將在那年的秋天到來。雖然世界順利邁入一九八三年，但他依然處變不驚，繼續做出更加大膽的預測：二〇〇六年，他預言「美國海岸將被風暴侵襲」。二〇〇七年，他預言將會發生「大規模殺戮」的恐怖攻擊。後來他把矛頭轉向政治，預測二〇一二年米特·羅姆尼（Mitt Romney）會當選總統（他輸了），二〇二〇年川普會當選總統（他也輸了）。他還預言過幾次小行星撞擊地球與核子戰爭，在此不贅述，你應該明白我的意思。

預測錯誤很正常。事實上，如果你的預測沒有偶爾出錯的話，這表示你沒有認真測試你自己建立的世界模型。不過，犯錯與自信滿滿的犯錯還是不太一樣。儘管羅伯森多次預言審判日與世界末日都沒有實現，但二〇二〇年他再次大膽預測。他沒有說：「我認為川普的勝算很高，但結果要等

揭曉才知道,哈哈。」

不,他信心十足。他在川普敗選前幾週的一次訪談中說:「我可以斬釘截鐵地說,川普贏定了。」

你或許會忍不住嘲笑羅伯森和他的搞笑末日預言——我也一樣。其實我們都跟他半斤八兩,只是不願意承認罷了。人類的自我了解之旅很可能始於泛靈思想。幾千年來,多數人類慢慢改信神靈數量愈來愈少的信仰體系,科學革命更是直接剔除神靈的觀念。如果你能回到過去的任何一個時期,隨便街訪路人是否相信自己文化裡的主要信仰體系基本上正確無誤,我想會說「不相信」或表示存疑的人應該不多。今天也是如此。

就在人類拋棄泛靈論幾千年之後,最新的物理學理論說泛靈論很有可能一直都是正確的,這實在太有意思了。植物精靈、變形蟲精靈、無形的意識,原本都是民智未開的年代留下的痕跡。不可思議的是,量子革命幫助它們捲土重來,再度成為一種可能性。

這樣的逆轉很誇張,雖然我個人不認為哥斯瓦米的理論站得住腳,卻也不得不承認世界各地都有經費充足又聰明的物理學家,相信量子理論支持泛靈論或泛心論。所以值得一問的是:如果有一天意識塌縮理論被證實是真的,這對我們(你、我和其他人類文明)來說代表什麼意義?

我認為正確的答案是：「很多意義，大概吧。」後面會有更多細節。如果歷史曾教過我們什麼事，那就是當我們對人類本質與人類宇宙定位的信念有所改變時，我們組建社會、習俗與法律的方式幾乎一定會隨之改變。若相信萬物皆有意識或靈魂，人類很難理直氣壯強迫水牛拖行沉重的犁；若相信世上有很多神明，想集中宗教與政治權力會比較難；若相信世上有一、兩個神明，會很難合理解釋我們為什麼要做神反對的事。

　　泛靈論與一神論天差地遠，哥斯瓦米的量子力學觀也和既有的量子力學觀大相逕庭。如果他的想法獲得證實，人類肯定會迎來翻天覆地的結果，激烈程度不亞於過去幾次顛覆文明世界習俗與法律的自我了解變革。

　　怎樣的結果呢？舉個例子：明天你滑推特的時候，如果看到《紐約時報》的一則新聞標題是〈宇宙意識理論獲得證實：殺人花生竟有自我意識〉，我們的法律、社會與信仰一定會因此改變。

　　想要回答關於社會的問題，就必須了解人。想要了解人，就必須了解生命。想要了解生命，就必須了解生命的起源。想要了解生命的起源，就必須知道宇宙是如何形成的。

　　因此，想要了解哥斯瓦米的理論可能對人類文明產生怎樣的影響，我們只能從一個地方下手。

萬物的起點

請回想一下殭屍貓：牠的命運取決於電子的旋轉方向，而這個電子同時朝兩個方向旋轉。

$$| \circlearrowright \rangle | D_{\checkmark} \rangle | \text{🔫} \rangle | \text{🐱} \rangle + | \circlearrowleft \rangle | D \rangle | \text{🔫} \rangle | \text{🐱} \rangle$$

順時針旋轉，探測器被觸發，　　　　逆時針旋轉，探測器未觸
槍發射，貓死掉　　　　　　　　　　發，槍未發射，貓活著

量子力學的數學計算顯示殭屍貓有可能存在，但哥斯瓦米不同意。他的理論是殭屍貓與灰色電子不代表「真實的」物體，僅代表各式各樣的可能性。殭屍貓是一隻貓活著的<u>可能性</u>與死掉的<u>可能性</u>。

哥斯瓦米認為這些潛在結果住在宇宙中一個叫「潛在世界」的特殊空間裡。潛在世界裡不是只有殭屍貓。在這個空間裡，像電子與光子之類的微小粒子同時朝四面八方快速移動，把宇宙分裂各種版本——就像灰色電子分裂探測器，探測器分裂槍，最後把殭屍貓的結果呈現在我們眼前。

潛在世界裡充滿各種可能的時間線，等待觀察者看它們一眼，使它們塌縮成真實的存在。你可以把潛在世界想像成一鍋用可能性煮成的大雜燴，一切有可能發生的事都會發

生。它就像多重宇宙一樣，差別是潛在世界裡的每個宇宙或時間線都尚未成「真」，只是靜待觀察的許多潛在結果之一。

　　總而言之：哥斯瓦米認為殭屍貓確實存在，就住在這個潛在世界裡……

殭屍貓與同時雙向旋轉的電子，
只可能存在於潛在世界

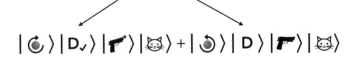

潛在世界

觀察世界

……直到觀察觸發了塌縮，使殭屍貓進入「真實世界」：

潛在世界

觀察世界

最後，我們也考慮了哥斯瓦米所說的潛在世界與觀察世界都存在於意識之內。如果我沒記錯，上一章我們的迷幻之旅就是在這裡結束。

從這裡銜接下一段旅程剛剛好。讓我們先思考一個大問題：一百四十億年前，宇宙大爆炸（Big Bang）發生時的宇宙是什麼樣子呢？

宇宙大爆炸是什麼模樣？

哥斯瓦米認為，潛在世界早在一百四十億年前就已存在。但是觀察世界——我們看得見的現實世界——尚未存在。一樣東西要出現在觀察世界裡，先決條件是有一個「觀察者」使其塌縮，脫離潛在世界。由於觀察者還要很久、很久之後才會出現，因此觀察世界很可能一直都是空蕩蕩的。

因此有很長一段時間，宇宙裡有趣的事情都只能發生在潛在世界裡。潛在世界熱鬧非凡！殭屍貓只有兩種潛在結果（「死貓」和「活貓」），但宇宙大爆炸牽涉到粒子數量多到難以計算，它們全都可以同時存在於不同的地方、朝不同的方向移動和旋轉。想像一下宇宙大爆炸時這些粒子可能有多少種排列方式，潛在世界裡就可能有多少條時間線！

潛在世界裡有數量驚人的大爆炸版本，有些宇宙比較

爆，有些宇宙比較炸。這些宇宙大部分看起來大同小異，例如宇宙兩邊的粒子數量頗為平均。偶爾也會出現奇怪的巧合。例如大部分的物質都碰巧集中在宇宙的其中一邊，或是所有的粒子都排列得像一顆巨大的太空花生之類的，不過諸如此類的排列方式非常罕見。

宇宙大爆炸的可能型態

完全對稱　　非常不對稱　　稍微不對稱　　規模很小　　太空花生

讓我們用括量畫幾條不一樣的大爆炸時間線，用加號連起來表示它們同時存在，和前面的殭屍貓括量一樣：

……可能的版本數量過多，族繁不及備載

依照哥斯瓦米的理論，我們得把它們放在潛在世界裡才算是完整的描述：

$$|\text{◉}\rangle + |\text{◔}\rangle + |\text{◉}\rangle + |\text{◕}\rangle + \cdots$$

潛在世界

觀察世界

　　這就是哥斯瓦米的宇宙大爆炸 —— 或者更準確地說，「這些」就是哥斯瓦米的宇宙大爆炸：無法計量的各種宇宙創造情境，在超越我們的存在空間裡同時上演。

　　在差不多一百億年的時間裡，這些宇宙以尋常的方式慢慢冷卻。漸漸地，許多宇宙出現了恆星與行星。有一天，在這些潛在宇宙裡一個很小、很小的角落，我們的太陽因緣際會開始成形。在那之後又經過了很多、很多個日子，在這些宇宙裡一個更小、更小的角落，地球也出現了，它漸漸冷卻，放射性大幅降低，小行星撞擊的次數也大幅減少。

　　讓我們仔細看一下這些宇宙。

聚焦在有地球形成的幾個宇宙……　　　……其他的先不管

$$|\text{◉}_\oplus\rangle + |\text{◔}_\oplus\rangle + |\text{◉}_\oplus\rangle + |\text{◕}\rangle + \cdots$$

有地球的這幾個宇宙，大多平凡如常地運作。不過有一個宇宙非常特別，這裡發生了重要的事。稍不留神，就會錯過！

　　那就是第一顆細胞的誕生。

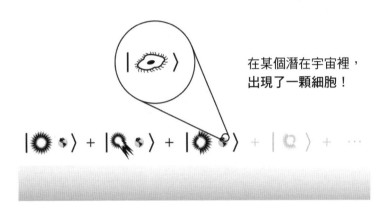

在某個潛在宇宙裡，**出現了一顆細胞！**

　　依照哥斯瓦米的說法，在數不盡的潛在宇宙之中，這個潛在宇宙創造出第一顆細胞是劃時代的一刻，將引發宇宙史上最動盪的事件。

戳破宇宙大泡泡

　　對哥斯瓦米來說，「觀察者」猶如可以連接宇宙意識的天線，連線後就能從內部去體驗世界。他認為只要是有能力

感知環境、區分自身和宇宙有所不同的東西，都有資格成為觀察者，因為這些能力使它擁有觀察環境的洞察力，讓宇宙意識可以透過它觀察世界。

在哥斯瓦米的理論中，第一顆細胞也是第一個觀察者。它為宇宙意識提供了可居住的第一個實體：一個有感覺的有機體，宇宙意識可利用它的洞察力，從宇宙的內部去感受宇宙。

第一顆細胞形成的那一霎那，立刻為宇宙意識提供了一道傳送門。宇宙意識透過這顆細胞環顧四周，然後問自己：「媽呀，這是什麼東東？」接著「砰」的一聲！它觸發了宇宙史上的第一次塌縮：潛在世界裡的一個宇宙被抬升到現實裡，其他宇宙永遠消失，不留痕跡。

這種戲劇性的塌縮結果是威力強大的幻覺，直到今天仍然屹立不搖：我們的宇宙歷史只有一種版本——在這個版本裡，第一顆細胞出現，然後一切水到渠成……（揮手致意）。過去的姊妹宇宙不留一絲痕跡，在史上第一次塌縮的瞬間，原本存在於潛在世界的其他宇宙被刪除得一乾二淨，就像被戳破的泡泡一樣。

時間就這樣過了四十億年，一無所知的我們繼承了這一連串決定現實的猛烈事件。塌縮持續發生，而且經常發生：每當我們瞥一眼殭屍貓或同時處於不同狀態的其他物品時，

我們都會傳遞宇宙意識，把這些東西瞬間送進觀察世界。不過這些日常塌縮沒那麼驚天動地，因為它們主要的影響範圍僅限於我們生活在宇宙裡的這個小角落。儘管如此，它們依然微妙地提醒我們很久、很久以前，那個為我們形塑現實世界的、不可思議的作用。

依照哥斯瓦米的想法，讓第一顆細胞和宇宙意識連上線的機制，也是我們人類之所以擁有塌縮神力的原因。宇宙意識把我們的身體當成工具，透過不同的鏡頭窺探現實，我們都擁有的那種無法形容的覺察感，基本上就是來自宇宙意識。

可是我們自己並不這麼認為，因為記憶儲存在我們的肉體裡，我們各自的體驗似乎並不相同。但哥斯瓦米認為這是一種幻覺：意識結構把我們緊密串連在一起。若真是如此，我們不僅與其他人類意識相通，更是與所有的生物意識相通，從細胞到花生到比瑟·瑞恩（Dan Bilzerian）[1]的落腮鬍。現代科學觀一般不把意識當成脫離具體現實的現象，從哥斯瓦米的角度看來，這需要大刀闊斧的改變。

但需要改變的不只是這一點。

___

譯註 1：Dan Bilzerian 是美國知名的撲克牌玩家兼網紅，落腮鬍是他的招牌造型。

從亞伯拉罕到瑣羅亞斯德的量子力學

如果細胞、植物、動物都有意識，這表示我們基本上又回到原點，再次直視泛靈論的第三隻眼。

如果我們對泛靈論的看法需要徹底改變才符合哥斯瓦米的觀點，當代最盛行的信仰體系——一神論——該如何是好？一神論符合哥斯瓦米的量子力學觀嗎？

這個問題無法簡單回答，因為一神教的種類太多了。甚至連同一個宗教也有不同的詮釋：每一個基督徒信仰的基督教版本都不相同，穆斯林的情況也一樣，而每個版本都可能在重要的意義上存在差異。例如喀爾文教派相信未來早已注定，本質上，自由意志並不存在。其他教派大多持相反看法。有些猶太教徒不相信來生，有些相信。

用以偏概全的方式討論任何一種宗教，都是一件危險的事情。我不想收到恐嚇信，所以決定仿效拉法葉・羅納德・賀伯特（L. Ron Hubbard）[2]發明一個全新的宗教，以求萬無一失。

我們將這個新宗教命名為篤信宗教™（religionism™）。希望在你看完這本書之前，我已經提交申請文件，讓篤信宗

譯註2：山達基創辦人。

教可以接受捐款並獲得免稅資格。

「篤信宗教」指的是西方主流宗教傳統共有的那套信仰，我推測篤信宗教的教友都相信以下幾條教義：

- 宇宙是為了生命而創造出來的
- 人類有靈魂
- 有來生
- 有自由意志

第一條特別有意思。相信宇宙的創造將生命納入考量的人，通常也支持智慧設計論（intelligent design）：神以特定的方式設計宇宙，目的是保證生命能在宇宙裡慢慢演化。持相反意見的人則認為，第一顆細胞是隨機創造出來的，正確的原子碰巧在正確的時間出現在正確的地方——完全不需要神的干預。

哥斯瓦米對宇宙史的看法，為這兩種觀點找到奇妙的折衷方案。

一方面，生命確實是在戳破大泡泡之前的某一個潛在宇宙裡，透過類似隨機的過程演化而來。我們不可能事先猜中哪一個宇宙會出現生命。

但是，只要物理條件允許，第一顆細胞的演化必定至少

會在一個潛在宇宙裡發生。當這件事發生時，細胞一定會化虛為實，就在前面討論過的、自我創造的最初瞬間。在某種意義上，哥斯瓦米的宇宙注定會蘊含生命。雖然要說這就是它的創造目的有點言過其實，但這個想法似乎能提供一半的解釋。

如果你剛好想發揮一點愛心，可能會把將生命塌縮為現實的第一顆細胞稱為「上帝」——哥斯瓦米就這麼做了。我自己不會這樣想啦，但要是你發現自己對這樣的推斷頗為贊同，應該不會覺得「上帝創造生命」這句話很出格。

令人意外的是，哥斯瓦米的立場和「宇宙為生命而創造」不謀而合。那靈魂與來生呢？在這些方面……有點說不清、道不明。

哥斯瓦米的理論確實提到一個虛無飄渺、無處不在的意識。雖然讓人很想稱之為「靈魂」，但是他的理論並未提及每個生物都有靈魂：只有一個無所不包的意識，它利用各種生物的身體來感受「成為他們」的體驗，至死方休。生物死去後，原本的性格、思想、記憶也不再有存續的理由。

或許宇宙意識有一個專屬的記憶庫，用來儲存它感受過的生命體驗之類的？如同這個統一意識大部分的特性，這一點同樣完全出於臆測，我認為想用哥斯瓦米的理論回答靈魂與來生的問題，只有一個答案最保險：「我不知道。」*

篤信宗教的最後一條教義：人類是否擁有自由意志？這個問題看似平凡，其實至關重要。

我們對「問責」的直覺，大多來自與自由意志有關的假設。這些直覺塑造了現在的法律結構與道德規範，若直覺有誤，毫不誇張地說，人類或許必須重新省思我們最珍視的制度與習俗建立在怎樣的基礎上。

自由意志

幾乎每一個塌縮理論都說，塌縮結果是隨機的。例如，我們無法提前知道被觀察的殭屍貓會塌縮成「活貓」還是「死貓」。

哥斯瓦米的觀點是這條規則的重要例外。除此之外，他假設人類透過身體傳遞的宇宙意識有能力選擇它想要的塌縮結果！這與標準的隨機塌縮模型背道而馳，也為他的量子力學版本創造了有趣的自由意志論點。

---

* 其實哥斯瓦米支持靈魂與來生的存在。但他支持的理由與其說是基於物理學，不如說是基於毫無根據的陰謀論妄想。因為我想用物理學來進行討論，所以我用「哥斯瓦米的理論」來代表他建立的世界模型中，可以用物理學檢視的部分，而不是純靠臆測。這表示哥斯瓦米本人不一定會同意我的說法。

想要理解為什麼，必須先思考一下「選擇」的定義。從物理學來說，我們之所以選擇做某件事，是因為大腦裡的原子以特定的方式排列。但是，原子為什麼會排列成這樣呢？

有很多因素：無數微觀事件以各種角度輕輕搖動我們大腦裡的粒子。原子互相碰撞，灰色電子猛力撞上分子——這些事件在本質上都是量子力學事件，也就是說，粒子同時存在於多處，或是同時往多個方向移動。因此在微觀的尺度上，我們的大腦裡同時存在大量的時間線——僅持續非常短暫的時間——直到塌縮為止。如果宇宙意識的選擇能主導這些塌縮，按理說來，也能主導我們的選擇。

這樣我們還有自由意志嗎？

在某種程度上，或許有吧。但答案取決於你把宇宙意識當成自己的延伸，還是當成碰巧跟你互動的另一種外部力量。如果宇宙意識與你無關，限制你的選擇的就是外部力量，你如同一個沒有決定權的工具，一舉一動都由不受你掌控的力量決定。你沒有做決定的自由，所有決定都是宇宙意識強加給你的。你變成沒有心智的機器人，自由意志只是一種幻覺。

另一方面，如果把「你」的概念加以延伸並納入宇宙意識——前提是你把它視為「你」的一部分——那就是不一樣的情況。在這個前提之下，你的所有決定確實都是「你」做

的，你也有能力在任何情況下選擇不一樣的決定。這是哥斯瓦米支持的詮釋，它對一個非常實際的問題來說意義重大：法律責任。

法律責任

在哥斯瓦米的意識塌縮理論中，自由意志自由到無與倫比。你的意識成為所有決定的源頭，它藉由選擇將哪些時間線塌縮為現實來做決定。「你」是由身體、宇宙意識（人類－意識嵌合體！）加上完全自由的意志所組成。

哲學家稱之為「自由至上」（libertarian）的自由意志，這在大部分的西方法律傳統裡都是非常重要的觀念。多數人都出於直覺認為，要一個人在道德與法律上為自己的行為負責，前提是這些行為出於他的自由選擇。如果你的選擇不是自己做的——如果你沒有自由意志——要用你的行為來起訴或懲罰你會變得加倍困難。

若自由意志並不存在，那麼罪犯只不過是被外在因素「強迫」犯罪的倒楣鬼，這些因素並不是他們能控制的。罪行變成「發生在人類身上的事」，律師完全可以說：「我的客戶之所以燒了那家花生工廠，只是因為他體內原子排列的方式讓他沒有能力做出其他選擇。他不是縱火犯——他是被宇

宙定律強迫縱火的人，這完全不是他的錯！」

關於受迫的行為，稍後將有討論。先讓我們假設哥斯瓦米的想法是對的，自由意志確實存在，法律專業人士紛紛鬆了一口氣。自由意志為大部分的法律制度賦予判決與刑罰的正當性。

不過，這是一把雙面刃。哥斯瓦米提出的那種完全自由的意志，意味著我們必須為自己的行為負全責，這會給許多法律傳統製造全新的麻煩。

假設你是篤信宗教的傳道牧師，而且你打從心底痛恨花生。在星期四的每週集會上，你站在會眾面前大聲疾呼，要在場的每一個人走出去之後，只要看到花生工廠就立刻放火燒個一乾二淨。

假設其中有一、兩個人真的這麼做了，他們當然會成為縱火犯，那你呢？大部分的西方法律制度會認為你犯了煽動罪：刻意煽動他人從事非法行為。

可是，如果我們的意志全然自由，這件事合理嗎？花生縱火犯在聽完你的佈道之後，當然有能力維持心平氣和。身為牧師的你，並沒有強迫他們燒毀花生工廠。你只是告訴他們，你相信一個虔誠的篤信宗教教徒應該去放火。如果聽了你的意見的人完全可以自由決定要不要同意你的意見，當然也可以自由決定要不要採取行動，既然如此，表達意見的你

有罪嗎？

　　支持自由至上的自由主義者，過去曾以上述論點呼籲司法改革——當然他們提出的情況比花生工廠嚴肅許多。有些人甚至認為無論在任何情況下，煽動都不應該被視為罪行。美國經濟學家兼政治理論家莫瑞‧羅斯巴德（Murray Rothbard）曾說：

　　假設 A 先生告訴 B 先生：「去槍殺市長。」B 先生認真思考這個建議之後，決定這是個超棒的想法，所以就跑去一槍斃了市長。顯而易見地，B 要為槍殺市長負責。但是 A 要負怎樣的責任呢？A 沒有開槍，也（應該）沒有參與策劃與執行。他雖然提出建議，但這不代表他應該為槍殺事件負責。難道 B 沒有自由意志嗎？他不是一個自由的人嗎？如果是，那麼只有 B 需要為槍殺事件負責……

　　如果意志是自由的，就表示誰也不能為其他人做決定。就算有人高喊「快燒啊，寶貝，放火燒啊」，聽見這個建議的人並未受迫或是由他人決定必須實踐這項建議。將這項建議付諸實行的人必須為自己的行為擔負唯一責任。因此，我們不能要求「煽動者」負責。就人類與道德的本質來說，「煽動暴亂」

並不存在，這樣的「罪行」觀念應該從法令中刪除。

目前的法律傳統大多使用左右搖擺的妥協解決，也就是假設人類的行為是自由意志加上外部力量的結果，而這些外部力量是我們影響不了的。當一個人的自由意志被認為受到損害——例如酒精、毒品或「精神失常」的影響——量刑通常會減輕，或甚至暫緩執行。這個觀點與哥斯瓦米等人的物理學理論相左，他們支持更絕對、自由程度更高的自由意志型態。不過呢，如果煽動罪是法律制度為了通融哥斯瓦米的激進理論必須承受的主要犧牲，我想應該也不算太虧吧。

哥斯瓦米的理論還有另一個更實際的面向——當然，這是我的個人詮釋——影響著我們的生活，並且促使我們重新檢視自己的決定。

你猜對了：我們接下來要談的是純素主義。

進退維谷的純素主義

在純素主義者寫信痛罵我之前，我想先聲明一下，本人幾乎算是純素主義者。我承認我不會自備純素漢堡去參加派對，也不會因為煙火的硬脂酸是動物製品就拒看煙火，但我的純素魂讓我知道，寫書的時候必須及早告訴讀者我支持純

素主義，只是這本書沒有給我太多表現機會。

你或許認為，一個說你與所有生物共享意識源頭的物理學理論，應該會鼓勵你擁護純素主義，而不是拒絕純素主義。可是，若哥斯瓦米的量子理論是成立的，你就應該成為純素主義者嗎？

答案是：不應該。如果你相信他的理論與本章討論的宇宙史，那麼宇宙裡第一個「有自我意識的觀察者」就是第一顆細胞。也就是說，意識早已存在於細胞層級，所有生物在某種程度上均有意識，包括植物、動物與真菌。

在這個前提下，吃純素意味著你選擇吃某一種有意識的生物，不吃其他種。我不太確定這代表什麼意義：或許純素主義者不應該自認道德高尚，因為他們也吃有意識的生物；又或許他們不應該那麼在意植物與動物之間的區別，對食用動物產品抱持更開放的心態。好了，別逼我，我不是飲食哲學家。

「等一下！」你說，「有些植物開花結果的演化目的，就是為了讓動物吃掉果實，讓種子隨著動物的移動與排便散播出去。對這些果實來說，被吃掉是繁衍的一部分，相當於人類繁殖的性行為。我們知道大自然通常將繁殖行為設計得很愉悅，因此可以合理推測有些果實覺得被吃掉是一種正面的經驗！」

我們確實無法探究植物的心理，進而驗證這個假設。可是這種思維的問題是，就算有些植物或果實可能喜歡被吃，但沒有證據顯示組成它們的細胞也喜歡。因此追根究柢，無論吃怎樣的食物，想要避免造成痛苦是不可能的。

根據我的歸納，哥斯瓦米的理論可總結如下：

- 宇宙形成的瞬間，勢必會創造生命
- 人類有靈魂，或許也有來生
- 我們也有自由意志
- 我們的法律制度竟然與自由意志一拍即合，不過也有一些細部問題—例如煽動罪之類的罪行
- 相信自由意志能使你稍微不那麼堅持純素主義

雖然在某種程度上，哥斯瓦米的理論是量子力學中最怪異的研究，卻也是最符合當代社會與法律規範的量子力學詮釋。稍後我們會看到，如果成立的是其他理論，將會出現更加顛覆的改變——我們接下來要討論的就是這樣的理論。

是時候把意識掃地出門了。

第5章
沒有意識的塌縮

　　波耳提出塌縮詮釋，只是一種急就章的權宜之計——用來解釋我們為什麼從來不曾看過殭屍貓。但如同前面幾章的討論，這種想法很容易演變成什麼都說得通的泛心論與集體意識，連靈媒都自嘆弗如。

　　你知道誰非常、非常討厭這種情況嗎？物理學家。物理學家對此棄之如敝屣。

　　大部分的物理學家都很討厭兩件事。第一，他們不喜歡有人問他們什麼時候畢業——可以畢業時就會畢業了。

　　第二，他們想知道世界如何以令他們既安心又科學的方式運作。把意識視為宇宙結構的物理學理論，完全無法滿足這一點。

　　世界各地的晚餐桌旁只要有物理學家在場，被問及工作上有什麼新鮮事的時候，他們的回答愈來愈像個新時代的身心靈大師。他們大多覺得有三種反應可供選擇：

1）告訴在座的每一個人，就算有實驗證據支持量子力學，量子力學仍是錯的；

2）雖然難以接受，但不得不承認量子力學有可能與意識之間存在著神祕的連結；或是

3）摀住耳朵、大聲咆哮：「你說什麼我統統聽不到！」直到其他人停止發問，默默起身離席。

身為典型的靈長類動物，物理學家通常會選擇比較像猴子的反應。

在長達數十年的歲月裡，塌縮在人類最有影響力的科學理論中慢慢演變成一個無解的龐大難題。幾乎每個物理學家都同意不再提出和該死的塌縮有關的蠢問題，「別吵，趕緊計算！」是當時的主流態度。

這種情況持續了很久，直到幾個叛逆的義大利物理學家終於受夠了。「那是一九八〇年代。我們發明了Game Boy掌上遊戲機，不知道為什麼也發明了拋棄式相機。所以，拜託，我們真的應該好好想一想怎麼把意識從塌縮裡趕出去！」他們八成這麼說。

其中一個人突發奇想：「你知道少了意識，我們就沒辦法解釋塌縮，對嗎？」

「對啊，幹嘛？」

「會不會是因為塌縮本來就<u>無法</u>解釋？說不定塌縮根本沒有原因？塌縮『就是會』發生？」

「請繼續……」

「我說完啦——我只想到這些。塌縮說不定只是基礎規則，像質量或能量一樣，是宇宙結構的一部分？」

這個新的「就是會發生」理論認為，塌縮可能本來就會自動發生，不需要任何觸發。觀察者啦，意識啦，都不需要——粒子無法承受同時處於多種狀態太久，所以時不時會因為疲乏而自動塌縮。

至於疲乏的原因？這個理論的支持者沒有假裝自己知道原因。就他們所知，塌縮「就是會發生」，因為這是宇宙的基礎規則。

「就是會發生」理論說塌縮本就無法解釋，它用這個奇怪的假設來取代奇怪的意識觸發塌縮——塌縮只是大自然運行的基礎規則之一，就像重力和磁力一樣。我們無法解釋重力和磁力為什麼存在，卻沒人為此感到苦惱，既然如此，何不用相同邏輯看待塌縮呢？

如果你覺得這一招甚好，你並不孤單。現在有許多物理學家支持「就是會發生」塌縮理論，其中一個原因是這個理論或許能夠驗證：只要能偵測到原子或電子在沒有外力的情況下自動塌縮，就能證明這是對的！

不過，這個理論的發明者面臨的最關鍵的問題，不是「就是會發生」塌縮是否成立。他們忙著研究一個更深刻、更基本的問題——每個科學家在探索一個嶄新的想法時，都必須處理這個問題：

能不能申請到豐富的研究經費？

幸好答案是：可以——因此本章才得以存在。他們拿到珍貴的研究經費後積極投入研究，然後提出一個影響深遠的理論——有些影響強大到足以威脅大部分的西方法律制度基礎。

我又嗨過頭了！我保證我很快就會解釋「就是會發生」塌縮理論與瑪莎・史都華（Martha Stewart）和司法制度之間的關係。在那之前，我應該先說明一下這個理論。

就是會發生

讓我們想像一個小小的粒子，它剛好同時位在兩個地方。記住：根據量子力學的數學原理，這是完全合理的。粒子可以同時往兩個方向旋轉，也可以同時位於多處（有時候超過兩處！）。

假設這個粒子同時「在地上」和「在空中」。用括量表示如下：

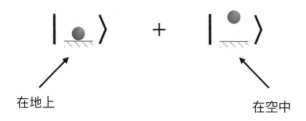

在地上　　　　　　　在空中

　　跟之前順時針／逆時針的例子一樣，這裡也是把兩個括量加在一起——各自代表粒子的位置。

　　「就是會發生」塌縮理論說的是：粒子每隔一段時間會自動塌縮，存在於單一位置，而且塌縮毫無原因（「就是會發生」）。

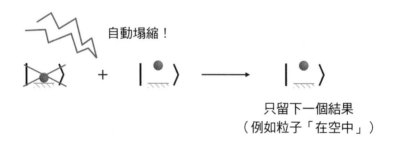

自動塌縮！

只留下一個結果
（例如粒子「在空中」）

　　自動塌縮是無法預測的，會塌縮成哪個結果同樣無法預測。我們只能確定它一定會塌縮成其中一種可能的結果。這就是這個理論的基本概念！

嗯，應該是吧。

因為，這裡還有一個小問題。雖然自動塌縮解釋了塌縮為什麼不需要意識（如果「它就是會發生，不需要理由」算是一種解釋的話），但是它沒有解釋為什麼微小的粒子可以同時出現在許多地方，人、花生、貓之類的大型物體不可以。

電子跟貓有什麼不一樣？貓為什麼好像總是只能待在一個地方——牠們彷彿總是已經塌縮——而電子卻不是？

體型愈大，機率愈高

讓我們拿出我們的哲學家煙斗，坐在我們的哲學家椅子上，抓一抓我們的哲學家下巴，思考一下殭屍貓到底是什麼。

你可以描述殭屍貓是「既生且死」。在大多數的情況下，這都是個很正確的描述。但是，我們可以用更深入的方式思考這些奇怪的量子生物和牠們的組成物。

活著的殭屍貓版本，會走來走去、不時舔舔自己、嘔出毛球，各種行為與正常貓咪無異。為了做這些正常貓會做的事，牠的原子必須以非常特定的方式排列。舉例來說，貓要舔腿，牠舌頭裡的原子必須位在非常特定的位置，貓腿裡的原子也一樣，以此類推。

要是你改變這些原子的位置，就會改變貓的行為。事實

上，如果隨機打散貓身上所有的原子，會把貓變成一個由碳、氧、氫和其他原子構成的棕色團塊。重新排列貓原子的方式，對貓來說大多不會有好結果。

不要想像殭屍貓是同時做兩件不同事情的大型物體，把牠們想成一個巨大的原子集合體，只是剛好同一時間有兩種不同的排列方式。

「活貓」是一團原子排列在適當的位置上，構成一具功能健全的貓體。「死貓」則是一團原子排列出一具沒有功能的貓屍——死貓身體的每個原子所在的位置，可能都與「活貓」不一樣。

不要把貓想成完整的物體……

……而是把牠想成微小粒子的巨大集合體

| 有些粒子在尾巴 | 有些粒子在耳朵 | 有些粒子在腳掌 | 以此類推 |

原子的位置會決定貓的行為，也會決定貓的生死。如果活貓身上的原子被搬動太多個，牠很可能會死。理論上，如果你非常、非常仔細地重新排列死貓身上的原子，說不定能

讓牠復活。

澄清一下，我並不是在建議各位動手做實驗，但你可以自己決定。

現在我們已經知道殭屍貓是粒子集合體，而不是「大型物體」，接下來要問的是那個價值三十比特幣的重要問題：如果貓身上的粒子之中，只有一個塌縮到「活貓」的位置，會怎麼樣？這對貓身上的<u>其他</u>粒子有什麼影響？

貓尾巴裡有一個粒子自動塌縮！

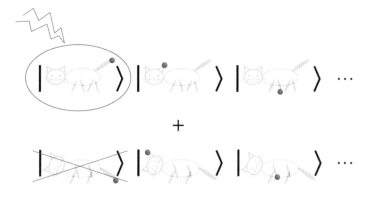

假設你偷瞄了殭屍貓的尾巴末端一眼，發現它是翹起來的。「啊哈！」你說，「貓尾巴翹起來的唯一可能，就是貓活著。」你應該沒猜錯：只要看見貓身體的一小部分，你就能判斷這隻貓待會兒是生是死，省跑一趟寵物店，也不會收到綠色和平組織的恐嚇信。

但如果你看到的不是貓尾巴末端，而是更小的部分，會怎麼樣？例如貓尾巴上的一根毛，或是貓尾巴裡的一個粒子。

無論是毛還是粒子，答案都一樣：只要知道貓身體的一個特定部分（而且是很微小的部分），你就能判斷這隻殭屍貓處於哪一種狀態。

一個粒子就能提供關於整隻貓的資訊——關於構成這隻貓的每一個粒子。也就是說，如果這個粒子塌縮後的位置是「活貓」，那麼整隻貓（以及貓身體裡的每個粒子）都會是活的！

這可說是一種量子骨牌效應，一次「就是會發生」的塌縮足以塌縮整隻貓：

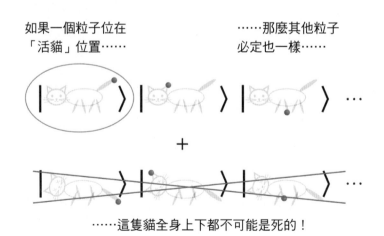

……這隻貓全身上下都不可能是死的！

組成殭屍貓的粒子多得不得了。如果「就是會發生」塌縮是成立的，那麼任何時刻都可能有塌縮正在自動發生。我們前面討論過，當一個粒子塌縮時，整隻貓都會隨之塌縮。

這是這個新觀念解決殭屍貓問題的關鍵：你可以把每一個粒子都想像成一張塌縮樂透。即使「就是會發生」塌縮的自動發生非常罕見，但是貓、大腦、花生之類的大型物體裡有那麼多粒子（也就是那麼多張樂透），你應該可以期待任何時刻都至少有一個粒子正在塌縮，並迫使物體裡的其他粒子跟著它一起塌縮。

於是，大型物體幾乎時刻存在於塌縮狀態：它們根本來不及耍什麼量子花招！成千上萬個粒子裡只要有一個塌縮了，其他粒子就會跟著塌縮成單一狀態。

不過物體愈小，塌縮樂透的張數就愈少，它在任何時刻發生塌縮的機率也比較低。支持「就是會發生」塌縮理論的人認為，真的非常小的物體就是因為這個原因，才有辦法表演同時往不同方向旋轉之類的量子特技。大型物體塌縮的機率很高，一個粒子或一小群粒子塌縮的機率超低。

肯定很低。過去二十年來，有一小群天天吃泡麵的研究生為了證明「就是會發生」塌縮的真實性，花費大量時間嘗試捕捉正在自動塌縮的粒子，同時還要拚命向父母解釋自己為什麼不該效法表哥史蒂夫去華爾街工作。

目前為止，革命尚未成功（我指的是塌縮的部分）。但「就是會發生」理論仍未退場，因為它仍有機會以不牽涉意識的方式解釋殭屍貓問題，所以是個令人期待的選項。

但是，這並不代表它是對的。

尚待解答

「就是會發生」是一個強大的理論，與波耳的「大」東西和「小」東西世界比起來，它是顯著的進步。它為我們提供一套邏輯連貫的物理規則，說明為什麼大型物體總是一次出現在一個地方，小型物體卻能一次出現在許多地方。而且這個理論不會再給喬布拉理由寫一本關於「非局域性意識」的書。不過，這個理論也有漏洞。

首先，如果自動塌縮是真的，我們不清楚它發生的頻率，只知道它必須經常發生，這樣日常所見的物體才會時時塌縮；但也不是那麼常發生，否則背負學貸的研究生軍團早就找到證據。

大家的猜測都不一樣，但相信「就是會發生」塌縮的人認為，個別粒子應該每十億年會自動塌縮一次。宇宙約有一百四十億年的歷史，也就是說，如果你從宇宙大爆炸發生以來時時刻刻盯著同一個粒子，應能看見它塌縮約十四次。

宇宙為什麼每十億年塌縮一次呢？答案當然是因為「就是會發生」。

　　不過這個理論最酷的地方是指出過去的盲點：「大」與「小」的定義。由足夠多的原子、電子或光子組成的「大」東西只要塌縮得夠快，我們就看不見它正在同時做許多不一樣的事。

　　還有一件事也很酷，我們前面也提過，這個理論是可以驗證的。如果一個粒子平均每十億年隨機塌縮一次，對坐在實驗室不舒服的椅子上、死盯著顯微鏡看的實驗者來說，十億年肯定太久了。但是，別忘了：由許多粒子組成的物體，會在任何一個粒子率先塌縮時也跟著塌縮。假設有一個物體是由十億個粒子組成，那麼每年很可能至少會有一個粒子塌縮──並導致其他粒子跟著塌縮（前提是個別粒子大約每十億年塌縮一次）。若這個物體增大十二倍，大概每個月會塌縮一次。持續增大這個物體，在「就是會發生」塌縮理論成立的前提下，你應該能在實驗室裡發現自動塌縮的「灰色」物體。「就是會發生」塌縮的頻率愈低，你需要的實驗物體就愈大，這樣才有足夠頻繁的塌縮可供觀察。

　　這就是物理學家正在做的事！在一次又一次的實驗中，他們逐漸縮小可能的塌縮頻率範圍──常見的作法是以原子為單位，從零開始製作愈來愈大的物體，期待有一天能找到

剛剛好的塌縮頻率，觀察到自動塌縮。（「每十億年塌縮一次」就是用這些實驗結果估算出來的。）

　　總有一天當研究經費用光，疲憊不堪的研究生探索完每一個可能的塌縮頻率之後，我們或許能夠證明「就是會發生」理論是否成立。但是在那之前，我們只能接受懸而未決的現況。

　　在正常情況下，我會說：「好吧，未知——我知道該怎麼做。就像我不知道速食店Subway的雞肉是用什麼做的，但我已能接受這件事，並學會擁抱未知。」

　　但這不是平常那種「心中有點不安，並且質疑自己的飲食選擇」的未知。這是一種對現實結構的未知，以及對你之所以是你的未知。

「就是會發生」塌縮的大腦

　　物理學家喜歡「就是會發生」理論的原因之一，是它沒有使用「心智」「意識」「觀察者」之類的令人受不了的觀念。一般說來，物理學家都喜歡沒人質疑自己的偏見、眼鏡愈厚愈好、量子力學別再跟意識勾勾纏。

　　「就是會發生」塌縮引領人類走下宇宙舞台的中心位置，把人類描述成原子互相協調、會動的原子團塊。這個理論表

面上看起來很淒涼，只能靠「一口氣吃一桶冰淇淋」才能得到慰藉。

這個理論告訴我們，人類只是正確的原子以正確的方式偶遇彼此，於是形成第一顆細胞——這顆細胞成功複製並製造新的細胞，這個過程漸漸帶來了演化，最後創造出人類與人類的肉體。沒有神明、靈魂與心靈，也沒有以人類為中心的、美妙的起源故事。只有原子在空蕩蕩的空間裡飛來飛去，遵循簡單的物理定律，而「就是會發生」塌縮正好是其中一條定律。

前幾章討論過以意識為基礎的塌縮裡論，這個理論與之截然不同。前者描述的宇宙由意識創造，甚至可說是為了意識而創造。不過，這種意識宇宙觀與牛頓和拉普拉斯等人在科學革命的年代提出的宇宙觀出乎意料地相似。

但牛頓的宇宙和「就是會發生」塌縮的宇宙之間，有一個重要差異。牛頓認為原子的運動基本上都是可預測的：理論上，只要知道宇宙裡每一個粒子的位置和移動方向，就能精確預測所有粒子在未來任何一個時間點的位置。

也就是說，你可以百分之百準確預測未來。你可以在二〇〇九年購買比特幣，在新冠病毒大爆發之前囤積口罩，在《冰與火之歌：權力遊戲》差不多播到第五季時棄劇。

可是，如果你的一舉一動只是十億年前就能預測的分子

和原子的運動結果，這表示你沒有選擇接下來要幹嘛的自由。你的行為只是按照命運的劇本走，我們以為自己能主宰自己的選擇，這想法只不過是逼真的幻覺。自由意志，拜拜！

「就是會發生」塌縮的宇宙和牛頓的宇宙不一樣，它不是決定論的宇宙，這可不得了。我們周遭時時刻刻都在發生的、不可知的自動塌縮結果帶來不確定性。這種不確定性可能會直接影響我們。

假設你體內有一個電子正好同時位於兩處。在其中一處，它即將碰到一顆細胞裡的癌症基因並加以啟動；另外一處則是比較安全的地方。如果這個電子自動塌縮，你的生命會往哪個方向走，完全取決於無法預測的塌縮結果。任何測量與推論都無法改變這種不可預測性：在自動塌縮的宇宙裡，未來基本上就是不確定的。

如果「就是會發生」塌縮是對的，你就是由大量會自動塌縮的粒子建構而成——大概有100,000,000,000,000,000,000,000,000,000這麼多個粒子，但我認為沒有人真的算過。（順帶一提，如果你正在朗誦這句話給別人聽的話，這個數字是十的二十九次方。）

建構你的粒子之中，約有二％存在於大腦，負責產生思想、決定、神經抽搐、閱讀量子力學書籍等使你成為「你」

的習慣。如果這些粒子正在進行不可預測的隨機塌縮，那麼你的大腦狀態（包括所有的思想與感覺）在本質上是不可預測的。這意味著你本質上是不可預測的！

「就是會發生」塌縮帶領我們走向一個這樣的世界：你接下來的一舉一動，是無法百分之百準確預測的。

所以，我們或許得釋放全世界的罪犯。

自由意志與法律

上一章，我們討論了自由意志對法律責任的意義，也看到哥斯瓦米的理論如何用一種既古怪又迷幻的方式，打開通往自由意志的大門。

但如果人類的任何行為，從來就不是出於自由選擇呢？如果「就是會發生」理論獲得證實，物理定律本就不允許自由意志的存在會怎麼樣呢？

簡短的答案是，法律制度會失去懲罰罪犯所仰賴的、最重要的理由之一。自由意志是現代法律制度的基石，要是科學理論打破這個基本觀念，影響之深遠可能難以想像。

為了方便討論自由意志與「就是會發生」理論，我們必須先處理一個大家避而不談的難題：沒人知道自由意志到底是什麼。

幾世紀以來，學者、哲學家和其他阿宅一直在爭論如何正確定義自由意志，目前大致分為兩大陣營。他們通常會說：

1）自由意志是<u>做其他選擇的能力</u>。如果你有能力做不一樣的選擇，或是不一樣的最終行為，你就擁有自由意志。（我們稱之為「能做其他選擇」版本〔could have done other-wise〕。）

或是

2）自由意志是<u>做為選擇源頭的能力</u>。如果你的行為來自你自己，無法追溯到外在因素的影響，你就擁有自由意志。（我們稱之為「選擇產生源」版本〔source of your choices〕。）

如果你想看一群不擅打扮的思想工作者，用不俐落的肢體動作幹架，不妨走進一場哲學研討會大聲問他們：「請問廁所在哪裡？還有，自由意志的定義是什麼？」

我不希望霹靂腰包如飛彈般向我密集飛來，所以接下來我會秉持謹慎的態度分析這兩種自由意志的差異。我們將會知道這樣的區分是很重要的，因為有的量子力學理論（例如「就是會發生」塌縮）只能容納一種自由意志。

碰到這種情況，我們可能很難明確定義自由意志。不過，也有比較一目瞭然的理論。

例如在牛頓的百分之百決定論宇宙裡，你做的每個選擇都已在宇宙大爆炸發生時「鎖定」，除了你最終所做的選擇之外，沒有其他可能。用哲學術語來說，你「不能做其他選擇」——那個版本的自由意志並不成立。

事實上，「選擇產生源」版本也不成立。在牛頓的宇宙裡，你今天做的每一個決定都可追溯到很久很久以前、距離幾十億光年之外的宇宙大爆炸之後的一連串事件——這些事件發生在你的身體之外，而且發生在你尚未存在的時候。你所做的選擇其實源自宇宙大爆炸或是任何導致大爆炸的原因，並啟動一連串符合牛頓力學的事件，最終創造出你、我、太陽系，還有對著鏡頭微笑、連續靜坐四小時的YouTube頻道主，他們累積的訂閱人數多到不可思議（說到這個，你實在不得不敬佩一個叫班傑明・班奈特〔Benjamin Bennett〕的頻道主）。

至少在牛頓的宇宙裡，情況相當明朗：自由意志並不存在*。

---

* 其實不完全如此。有些人認為自由意志與決定論是相容的（他們被稱為「相容論者」〔compatibilists〕），可惜他們不是這本書的作者，所以只能分配到註腳的版面（哭）。

在你把這個想法當成通行證，可讓你以「自由意志並不存在」為藉口闖進動物園騎駱馬之前，請記住：一、因為有量子力學，我們才知道自己並不住在牛頓的宇宙裡；二、沒有自由意志，不代表你的行為沒有後果；三、駱馬通常只能負重六十磅（約27公斤），想騎請挑一頭壯碩的。

牛頓的宇宙差不多介紹到這裡。那麼，「就是會發生」塌縮理論如何解釋自由意志和騎駱馬呢？

量子世界的自由意志

如果你問什麼是「選擇」，每個人的答案不盡相同，但「選擇」是「大腦經過一連串的活動之後，最後叫你做的那件事」。這些活動可能涉及多達千億顆腦細胞，以閃電般的速度交換電訊號（如果你是那種會闖入動物園騎駱馬的人，腦細胞交換的電訊號應該會少一點）。

若放大檢視，你會發現腦細胞與它們收發的訊號都是由微小的量子粒子組成——水分子、鈉離子、碳原子等等。這些都是量子粒子，所以遵循量子規則，也就是說，它們可以（也確實）同時存在於許多不一樣的位置。此外，如果「就是會發生」理論是成立的，這些量子粒子偶爾會自動塌縮，然後在一個位置固定下來。

前面說過，塌縮的結果──粒子塌縮後的特定位置──是隨機的，無法預測。但這並不代表塌縮結果不會發揮強大影響力。

假設你大腦裡某顆很重要的細胞附近有一個鈉離子，它同時存在於許多不一樣的位置。這個鈉離子塌縮後的位置很巧妙，剛好刺激腦細胞釋放一個神經訊號。這個神經訊號最終激發了一個想法、一股衝動或一陣恐懼。說不定它激發的強烈衝動剛好是「闖進動物園騎乘來自南美洲的動物」，一個鈉離子的塌縮結果或許將決定你往後的人生方向。

如果隨機的、無法預測的「就是會發生」塌縮可以藉此左右你的思想與行為，這表示本質上你的行為也是無法預測的。若「就是會發生」塌縮理論為真，只要發生一連串不幸的塌縮，就可能讓你決定這次停車要橫向占用三個殘障車位，或是決定投入競爭激烈的養鴨業。

這意味著在任何情況下，無論你做了怎樣的決定，其他可能性仍未完全出局：只要幾次帶來正確結果的「就是會發生」塌縮，這些可能性就能實現。所以從某個角度來說，你其實「能做其他選擇」。

這是個充滿希望的好兆頭！或許「就是會發生」理論確實允許自由意志的存在？

很遺憾，第二種自由意志版本──選擇產生源──沒那

麼令人振奮。

如果大腦裡真的充滿全然隨機的塌縮，影響著你的思想，我們很難把你當成這些塌縮結果的「源頭」。畢竟，我們之所以叫它們「就是會發生」塌縮，是因為它們不是任何外力造成的。它們的「源頭」（如果有源頭的話）是物理定律。

雖然「就是會發生」塌縮理論支持「能做其他選擇」的自由意志，但是它似乎無法通過「選擇產生源」考驗。這使得「就是會發生」塌縮理論碰到自由意志時顯得曖昧不清。

「這個資訊滿有意思的，」你或許會這麼想，「我想我還是回去為偉大的人類文明盡一份心力，我們的文明絕對不會因為我剛才看到的內容發生內爆。」

你錯了！大錯特錯。

因為在我寫作的此刻，有大量的西方法律理論建立在自由意志的假設上，一旦「就是會發生」塌縮理論為真，這些假設可能會失去意義。

這不是法律建議

如果你半夜闖進鄰居家裡，用黑色簽字筆在他們臉上畫八字鬍，法庭通常都會認為你應當受罰！

要是我碰巧破壞了你本週末的計畫，別傷心。至少有兩

種作法能讓你逃過牢獄之災。

只是你大概不會喜歡這兩招。

第一種作法叫「脅迫」（duress）。脅迫的概念是這樣的：<u>只要是出於脅迫</u>，你完全可以闖進鄰居家裡，在他們臉上畫八字鬍。脅迫是犯罪行為的有效藉口，這強烈暗示法律制度認為「選擇產生源」是刑罰正當性的重要依據。如果是別人決定強迫你犯下入室畫八字鬍的罪行，責怪你好像不太對。

法律小撇步 #1：如果你用簽字筆作案後想要脫罪，先找個願意強迫你做這件事的人。

不好意思，你說什麼？要找人幫這個忙很難？也許你可以上克雷格列表（Craigslist）分類廣告看看。那裡什麼都有，什麼都不奇怪。

如果這招不管用，還可以考慮另一招。

除了脅迫之外，如果你非法闖入別人家拿簽字筆亂畫是因為大腦異常，大部分的西方法庭也會放你一馬。這就是惡名昭彰的「精神障礙辯護」。

精神障礙辯護也相當直觀：因為大腦結構有問題而犯罪的人無法控制自己的行為。他們被禁錮在非理性的行為模式裡，「不能做其他選擇」。

這使我們面臨一個有趣的情況：「不能做其他選擇！」（精神障礙）與「我不是選擇產生源！」（脅迫），顯然都是

不追究全部罪責的正當理由。自由意志似乎確實是我們直覺判斷有罪與否的核心。

若你覺得這是我的一面之詞，請看看這個例子。一九五〇年代，忙著告誡大眾電影裡不應含有色情內容的美國最高法院決定撥出一點時間，讓大家知道自由意志對整個法律制度有多重要：「相信人類擁有自由意志，所以有能力也有責任明辨善惡是非，是成熟的法律制度持續秉持的共同信念。」

直到今日，世界各地的律師仍在使用「自由意志受損」來幫本應受到懲罰的犯罪行為脫罪。有時他們用的藉口是被告「不能做其他選擇」，有時則是被告不是罪行的「選擇產生源」——通常是兩種藉口的其中之一。

有趣的是，也有兩種兼具的情況！如果你在幻覺裡以為上帝威脅你非做某事不可，這表示你既有精神障礙（因為幻覺），也遭到脅迫（因為威脅）。美國甚至有一個涵蓋這種情況的法律原則叫「神諭」（deific decree），可說是法庭辯護賓果遊戲中的致勝大招。

這種種情況使我們不禁想問：為什麼？為什麼人類的法律制度基礎，是一個與物理定律從根本上就不相容的概念？我們又該如何解決這個問題？

科學不宜用於立法

是什麼賦予法律制度判決與懲罰的權利？法律制度把人關進監獄，戴上電子腳鐐，偶爾還會強迫在俄亥俄州小鎮聖誕馬槽塗鴉的青少年手舉「對不起，我是犯罪的蠢蛋」標語，跟在一頭驢子後面遊街，為什麼？（最後一個故事是實例。）

過去兩千年來，聰明的專業人士提出三個不同的答案。聰明的專業人士都是按小時收費，所以他們工作的速度很慢。

第一個答案也是最簡單的答案。想像有一套我們深信不疑的規則——可能是來自上帝，也可能是因為肯爺（Kanye West）在推特上發了這些規則並獲得大量按讚。這些規則或許來自聖經（例如十誡），或許來自傳統（「己所不欲，勿施於人」），或許非常愚蠢（馬里蘭州依法禁止一邊開車一邊罵髒話）。

如果你選擇不遵守這些規則，就是在做壞事。做壞事的人理應受到懲罰。你看，這就是法律的正當性。

頭戴舊式白色假髮上班的人說，這種思維叫做「義務倫理學」（deontology），而且頗受推崇。

但是它有幾個嚴重的問題。最嚴重的問題之一是，如果自由意志不存在，這個觀點就無法成立。少了自由意志，無

論是多麼棒的規則，誰也不能控制自己要不要決定遵守或不遵守任何規則。就算不是我們自由選擇的行為，義務倫理學也認為我們應當受罰！

如果義務倫理學不適用，還有哪些選擇呢？

（亞里斯多德拚命舉手，用古希臘語高聲說：「我知道！」）

「好的，亞里斯多德，請說。」

「我有更好的想法。說不定司法制度的責任不是懲罰做壞事的人，而是懲罰壞蛋？我的理論是：犯罪本身不應讓你受罰。但是你犯罪就是在告訴全世界你是壞蛋，這才是你應該受罰的原因。」

「請繼續。」

「是這樣的，」他一邊用菸斗抽鴉片一邊說，「壞蛋犯罪，是因為他們缺乏勇氣、誠實、友善等美德——所以他們才會變成壞蛋。司法制度的責任是時不時把犯罪的壞蛋狠揍一頓。非常簡單，真的。還有，我相當確定我們應該開始崇拜蜜蜂，因為……」（接著他開始描述蜜蜂的神性，這是真的，亞里斯多德相信蜜蜂是神聖的。）

這是亞里斯多德提出的懲罰理由：你違反法律，就是在展現自己有多麼品德低下，這使法庭有權利和義務以其人之道還治其人之身。

可惜就連亞里斯多德的策略也有自由意志上的漏洞：若自由意志並不存在，你和我都無法自由選擇品德。義務倫理學的缺點是懲罰非自由選擇的行為，這已經夠糟糕；但亞里斯多德的策略是把人格做為懲罰依據——他們因為<u>自己的本質</u>而受罰。不知道為什麼，這聽起來似乎更糟糕！

如果亞里斯多德的理論也幫不了我們，還有其他辦法嗎？我不是律師，但是請給我一點時間，讓我試著解釋解釋。

不做好事就是做壞事

有些人以「結果主義者」（consequentialist）自居。他們認為，要判斷行為好壞（包括值得鼓勵與應受懲罰的行為）最好的作法是只看<u>結果</u>。

他們的說法是，任何行為只要能帶來好的結果——改善生活，使社會變得更健康、更幸福，減少結帳商品明顯超過十件還去快速結帳櫃檯的人——就是好的行為。如果不能帶來好的結果，就是壞的行為，應該避免為之。

從這個角度來說，只要把罪犯關進監獄能讓世界整體而言變成一個更好的地方——無論自由意志是否存在。這種觀點的法律刑責不是為了懲罰、報應、處理品德墮落——而是為了讓社會變得<u>更好</u>。

大多數的現行法律都可用這種觀點解釋：如果沒有詐欺刑責，會有更多人從事詐欺，世界會出現更多詐欺行為，這是一件壞事。遏止惡行能讓世界變成更好的地方，而折磨做壞事的人是實現這個目標的方法之一。

無論自由意志是否存在，結果主義都成立。知名重罪犯兼勉強算是名廚的瑪莎‧史都華決定撒謊，向聯邦調查員隱瞞她的財務活動，當時她或許有自由意志，也或許沒有。但無庸置疑的是，把她送進監獄確實能阻止其他人重蹈覆轍，並可能因此降低她再犯的可能性。

用結果主義來解釋法律與懲罰，是一種更靈活的作法。不同於義務倫理學和亞里斯多德的品德法則，結果論的法律制度不必假裝知道人人都應遵循的完美規則結構是什麼。它可以參考受到指派的（希望是）聰明人™認為能帶來更多好處的作法，視情況制定規則。

而且，有時候讓世界變得更好的作法正是寫下規則與法律，確保每個人都能提前知道哪些行為不可取，以及做這些事會受到怎樣的懲罰。

在我們不斷發現新事物的世界裡，結果主義似乎為法律理論提供了穩固的基礎。它比大部分西方法律制度所仰賴的拼湊概念可靠，後者揉雜了義務倫理學、亞里斯多德的品德法則與幾個結果論的觀念，變成顛三倒四的怪物。每次只要

有人提出新的塌縮理論或諸如此類的想法，這隻怪物就會強迫我們針對人類本質進行存在論對話。

太陽底下沒有新鮮事

你或許想問，人類最優秀的法律人才怎麼會創造並維持一個連為了應付基礎科學進展都如此苦苦掙扎的制度。「當然，」你可能心想，「我們的制度是由負責任的成年人管理的，不可能像紙牌屋一樣，一碰到唱反調的物理學理論就徹底崩塌吧？」

我們知道在量子力學發展初期，坐立難安的量子理論家要學生別再問與該死的塌縮有關的問題，藉此不再討論塌縮和意識。視而不見，希望問題自己消失，這種作法是人之常情。

律師看起來再精明幹練，也不過是凡人。如同第一代量子物理學家，法律學者也希望你別再問與該死的自由意志有關的問題。別擔心，他們已經把一切都想通了™。

但隨著我們愈來愈了解宇宙，就愈難無視這個可能性：長久以來我們所相信的自由意志、意識、現實的本質等假設，說不定都是錯的。

意識塌縮與「就是會發生」理論固然為我們指出這個可

能性，但它們絕對不是量子力學中最奇特或最誇張的理論。

　　這個寶座保留給一個非常激進、非常反直覺的理論，它引發一場長達數十年的激烈爭議，直到今日，它的影響仍在物理學界迴盪。這個理論不僅挑戰我們對真實與虛假的直覺認定，也挑戰我們的自我身分認同。

　　接下來，我們要談的是平行宇宙。

第6章
量子多重宇宙

　　過度自信與人類的速配程度，就像培根加上更多培根。
為了公平，也像素肉培根加上更多素肉培根。

　　有大量心理學研究證實，人類碰到自己最不明白的事情
時，很容易高估自己對這些事的理解程度。這都要怪一種叫
做鄧寧－克魯格效應（Dunning-Kruger effect）的現象，這
種現象已有充分研究。此外，研究也持續發現約有六十五％
的美國人認為自己的智力高於平均值。

　　不過，在你相信上述兩個研究結果之前，應該先知道更
近期的研究發現鄧寧－克魯格效應可能只是統計上的幻覺。
而且，多數人的智力高於平均值也是完全有可能的：把九個
聰明人與一個超級笨蛋放在同一個房間裡，就是一種九十％
的人可以正確宣稱自己的聰明程度超越平均值的情況。就我
們所知，這六十五％的美國人可能沒說錯。

　　我想說的是，我們評估新觀點的時候必須謹慎以對，因

為我們對「真相的模樣」都有審美上的偏見，而且這種偏見往往比真正的好奇心強烈許多——我們容易對自己了解最少的事情，展現最強烈的自信。

這也是物理學家的常態——事實上，這種偏見在他們（或者該說我們？）身上最為嚴重。從某個角度來說，這是可以理解的：物理學擅長客觀預測，這種能力很容易使人志得意滿。如果你能準確計算一顆三十公克的球從一・五公尺的高處落到地面上需要多少時間，你心中大概也會產生優越感。

但物理學的過度自信也來自社會壓力，因為同儕團體的形成奠基於集體支持某些觀點，或是集體反對某些觀點。久而久之，有些團體可能會成為整個領域的意見領袖——例如量子力學——使得根深蒂固的正統觀念與經費發放機構不願意接納大有可為的新觀點。

我當然希望情況不是這樣。但我也希望能找到不要每隔三個月就假裝不小心超收費用的手機方案，只能說，人生沒有十全十美。有時候，討論量子力學多重宇宙時也不得不討論學術權謀。還有，在你付電話費之前，一定要仔細看過帳單。

過度自信跟多重宇宙有什麼關係呢？大有關係。要了解個中緣由，我們必須回到一九五六年，這一年有個厲害的年

輕人叫休・艾弗雷特三世，他在普林斯頓拿到博士學位的論文題目是〈全體波函數理論〉（The Theory of the Universal Wavefunction）。

光看題目猜不出內容，換成現在，他如果要在網路上發表這篇論文，可能得把題目寫得更清楚才行，例如〈物理學家認為他<u>無須借助塌縮</u>就能解決殭屍貓問題：原因保證令你驚呆。〉

艾弗雷特的論文核心是一個簡單的問題：說不定塌縮根本從未存在？神奇的是，這個想法將引領我們走向從古至今人類最激進的自我感知轉變之一。

不過，一開始沒那麼順利。在討論艾弗雷特的理論與它遭受的反對之前，我們必須先討論量子力學在一九五〇年代中期的情況，以及當時的物理學家如何決定哪些想法成立，哪些不成立。

有共識的意見才是好意見

什麼是科學共識？

我以前想像的科學共識是一位科學家提出理論，其他科學家竭盡所能試著反駁，他們以無私的精神默默埋頭苦幹，直到他們殫精竭慮想要推翻的理論將他們擊潰。這時他們走

出位於地下室的實驗室，兩眼無神、垂頭喪氣，不甘心地承認：「好吧，這玩意兒好像真的有點道理。咦？那個又亮又圓的東西是太陽嗎？奇怪了——根據我的計算，太陽明明是正方形。」

遺憾的是，我們剛剛也看到了，實情並非如此。首先，以無私的精神默默埋頭苦幹是相當糟糕的事業選擇，我不會責怪對這種選擇敬而遠之的科學家。可是，過度自信與社會壓力也是造成想像和現實脫節的重要原因，這些因素跟事業誘因放在一起，就是導向學術權謀的方程式。科學共識背後真正的動力正是學術權謀（至少短期是如此）。

別誤會——我不認為現在有更好的科學共識版本值得推薦。畢竟，人類探索過的建立科學共識的其他主要作法，都牽涉到把異教徒燒死或用石頭砸死。有效是有效，卻不是找出真相的最佳作法。我想說的是，科學共識絕對不是定義現實的良方。它只是一堆爛蘋果裡最不爛的那一顆，時至今日，我們應當已從歷史裡學會用懷疑的態度來審視它。

在我們發現舊觀念有問題時，科學共識幾乎總是逐漸崩解。問問伽利略、普朗克、達爾文和愛因斯坦就知道。

因此當我說一九五六年波耳的塌縮理論獲得某種「科學共識」時，希望你明白這背後的涵義。塌縮理論的優點在於它率先為殭屍貓問題提出比較完整的解釋，而且還有波耳的

支持——他是傑出的學術權謀家。

有不少物理學家覺得波耳言之有理，所以他們從未費心徹底了解他的理論：他們只要知道超級聰明的波耳肯定把一切都搞懂了™就心滿意足。除了波耳的虔誠信徒之外，大部分的普通物理學家只是理所當然地認為波耳的理論是對的，甚至不知道還有其他想法的存在。

大家都花了很多心力研究波耳「獲得共識的理論」。它成了一個阿宅馬蜂窩，這群阿宅不希望自己的世界被顛覆。而這時身材微胖的艾弗雷特手裡拿著一根棍子，走向馬蜂窩。

艾弗雷特的新理論

一九五〇年代的某一天，休·艾弗雷特三世翻身下床，抹上Brylcreem髮乳整理髮型，但沒有使用牙線（別忘了那是五〇年代）。這時，他靈光一閃：「這幾個塌縮理論都很荒謬。殭屍貓問題一定有辦法解決，不需要宇宙意識，也不需要無法解釋的『就是會發生』塌縮。」

平心而論，「就是會發生」塌縮要等幾十年後才會被提出，但我們姑且假裝它已經出現。

「等我抽完早餐的這支菸就該動手做點什麼了。」

前面提過，艾弗雷特思考了如果塌縮根本沒發生，殭屍貓問題會如何發展。他先檢視經典的殭屍貓實驗，一個電子同時往兩個方向旋轉，旁邊有一台旋轉探測器，探測器連著一把槍，槍瞄準……嗯，接下來的發展你應該很清楚：

$$(\; | \circlearrowleft \rangle + | \circlearrowright \rangle \;) \; | D \rangle \; | \text{🔫} \rangle \; | \text{🐱} \rangle \; | \text{🧍} \rangle$$

電子往兩個方向旋轉　　　探測器尚未啟動

他知道量子力學說，探測器偵測到電子旋轉時必然會分裂成兩個版本……

$$(\; | \circlearrowleft \rangle | D_{\checkmark} \rangle + | \circlearrowright \rangle | D \rangle \;) \; | \text{🔫} \rangle \; | \text{🐱} \rangle \; | \text{🧍} \rangle$$

探測器「一分為二」：一半看見電子順時針旋轉，
於是被觸發，另一半紋風不動

……他知道槍也會發生同樣的情況：一個版本會發射，另一個版本不會……

$$(\; | \circlearrowleft \rangle | D_{\checkmark} \rangle | \text{🔫} \rangle + | \circlearrowright \rangle | D \rangle | \text{🔫} \rangle \;) \; | \text{🐱} \rangle \; | \text{🧍} \rangle$$

到目前為止都跟之前一樣。相同的規則也適用於貓，貓會立刻被槍殺死或是不會，所以盒子裡有兩條各自獨立的時間線：

$$\left(\ |\,\text{◉}\,\rangle\ |\,D_{\checkmark}\,\rangle\ |\,\text{🔫}\,\rangle\ |\,\text{😿}\,\rangle + |\,\text{◎}\,\rangle\ |\,D\,\rangle\ |\,\text{🔫}\,\rangle\ |\,\text{😺}\,\rangle\right)|\,\text{🧍}\,\rangle$$

順時針旋轉，觸發探測器，　　　　逆時針旋轉，未觸發探測器，
槍發射，貓死掉　　　　　　　　　槍沒有發射，貓活著

　　在這個地方，艾弗雷特與波耳的塌縮理論分道揚鑣。他認為下一步很明確，而且不應該涉及塌縮。

　　艾弗雷特認為適用於電子、探測器、槍、貓的物理定律，應該也適用於人類。

　　如果探測器、槍、貓都在殭屍貓實驗中分裂成不同版本，那實驗者也應該分裂兩個版本才對——一個版本看見活貓，一個版本看見死貓：

一個版本的實驗者看見
死貓……

……另一個版本的實驗者
看見活貓

如果你問這兩個版本的實驗者實驗結果，他們會充滿自信地告訴你：「我只看見一隻貓，牠還活著！」或是「我只看見一隻貓，牠死了！」兩個版本同樣信誓旦旦，完全不知道自己只是兩條時間線的其中一條，各自看見截然不同的結果。

我們的「兩個實驗者」（正確的說法應該是同一個實驗者的兩個版本）各自存在不同的時間線裡。隨著時間的演變，這兩條時間線的差異會愈來愈大：看見死貓的實驗者可能會對實驗結果感到沮喪，開始酗酒，最後不再從事物理研究，加入一個純素主義公社。最後，「貓活著」與「貓死了」這兩條時間線漸行漸遠，遠到整個宇宙在兩條時間線裡看起來不一樣，於是出現了兩個真正的「平行宇宙」，《蓋酷家族》（Family Guy）最令人失望的幾集也是建立在這樣的前提上。

這個理論的優點在於它不但能用來解釋塌縮為什麼是一種幻覺，也能解釋塌縮幻覺為什麼如此逼真。

讓我們想像一下自己是實驗者。打開盒子之前，從我們的角度（以及盒子外部的整個宇宙的角度）來說，我們可以接受量子力學告訴我們這隻貓既生且死。可是，打開盒子往裡看的那一霎那，我們與這隻貓有了互動，進而被困在多重宇宙兩條支線中的其中一條──於是，我們只看見其中一種結果。

如果艾弗雷特是對的，貓沒有改變——改變的是我們<u>看</u><u>貓的視角</u>。

　　這是波耳的塌縮理論與艾弗雷特的多重宇宙之間的核心差異。波耳的理論告訴我們，量子物體會在被我們觀察時展現不同的行為；艾弗雷特的理論告訴我們，實際上受到我們的觀察影響的是我們自己。我們不是見樹不見林——而是被時間線的分支遮蔽了視線，看不見多重宇宙！

　　艾弗雷特認為，從來沒人看過同時往兩個方向旋轉的球和同時存在於多處的貓，正是因為多重宇宙的緣故。每當我們觀察同時做許多事的物體時，我們自己也隨之分裂成許多版本，如同被我們注視的物體！

　　從艾弗雷特開始抽早餐菸，到他抽完早餐菸之後的那支菸，這段時間裡他完成了不可能的任務：他想出一種不需要借助塌縮就能解釋殭屍貓的方法，所以他完全有資格再抽一支勝利的香菸。

　　事實上，如果艾弗雷特的理論成立，那麼一開始根本就不存在什麼殭屍貓：創造殭屍貓的「分裂」原則，也能解釋我們為什麼一直沒見過殭屍貓！在那個人類仍在使用含鉛油漆的時代，一個頭髮油膩、二十幾歲的年輕人能想出這個理論還算厲害。

　　但艾弗雷特的成就令他付出沉重代價：他提出的現實理

論離經叛道，與當時多數物理學家的審美偏好背道而馳，想獲得認可無異於打一場沒有勝算的苦戰。

他的理論之所以奇怪，不僅僅是因為他預測我們住在多重宇宙裡，更因為他說我們居住的這個多重宇宙很大。

非常、非常、非常大。

大得不可思議。

多重宇宙比你想像得更大

想像一下，有一個粒子原本固定待在一個地方。

「別理我，我只是固定待在一個地方
的粒子。這裡沒啥好看。」

這個粒子不可能保持這種狀態很久。根據量子力學的數學計算，它很快就會被迫擴散，最後同時存在於多處。久而久之，它占據的空間愈來愈多，像個邋遢的大學室友。（但粒子不會像室友一樣發臭。）

我們可以用括量描述粒子擴散後的新位置，再用加號把它們串在一起，代表粒子同時位在多處：

稍微偏左 　　　原始位置 　　　稍微偏右

順帶一提，這種擴散過程有個名字，叫「海森堡測不準原理」（Heisenberg uncertainty principle），任何粒子或粒子群，無論一開始的固定位置是多麼精挑細選，都一定會慢慢變成同時存在於多處。

事實上，粒子的固定位置愈精準，擴散的速度就愈快。就像一窩負鼠一樣，粒子被逼到牆角時會變得緊張萬分。別問我是怎麼知道的。

如果艾弗雷特的理論正確無誤，粒子擴散後的每個新位置都有可能發展成多重宇宙的支線。在某些支線裡，這個粒子可能會撞上其他粒子，觸發連鎖效應，讓班紐夫（David Benioff）與魏斯（D. B. Weiss）為自己改編的《冰與火之歌：權力遊戲》感到一絲絲愧疚。在其他支線裡，這個粒子可能引發不一樣的下游結果，創造截然不同的宇宙。隨著次原子的擴散，多重宇宙或許能以無比驚人的速度衍生出無限條時間線。

顯然，艾弗雷特的理論大膽地對現實重新想像：它告訴我們，我們眼中所見僅是巨大無比的冰山的一小角。既令人

感到謙卑，也令人驚嘆不已。

但最神奇的是，它確實比波耳和哥斯瓦米的理論<u>更簡單明瞭</u>。當我們<u>停止嘗試</u>用塌縮假設去解釋量子理論（我們已經看到，量子理論沒有塌縮假設也活得很好），冒出來的是這個不斷增生的瘋狂多重宇宙。

「讚啦，」你或許這麼想，「這個理論太好玩了。無論當時的人是否贊同這個理論，我敢說他們都很欣賞這些酷炫的新想法！」

遺憾的是，下一段要討論的是學術權謀，所以恐怕不會出現「讓我們好好琢磨艾弗雷特的想法」這種情況……

學術權謀

相信經過前面幾章的相處，我們已經相當熟悉彼此，但我應該還沒問過你有沒有看過影集《歡樂單身派對》（Seinfeld）。

不管你是否看過，大概都用過許多因為《歡樂單身派對》而流行起來的詞彙：

- 用「呀噠，呀噠」（yada yada）把無聊的部分快轉過去。

- 收到不喜歡的禮物，想轉手送給別人？那就「轉送」出去（regift）。
- 你是那種拿薯片去蘸沾醬，咬一口，又拿咬過的部分去蘸沾醬的變態嗎？這種人叫做「重複蘸客」（double-dipper），可以直接下地獄。

休‧艾弗雷特三世的論文指導教授很有名，影響力不亞於《歡樂單身派對》：你不一定知道他是誰，但你肯定聽過他發明的詞彙。他叫做約翰‧阿奇博爾德‧惠勒（John Archibald Wheeler），發明過「黑洞」「蟲洞」等詞彙，還有比較小眾但同樣重要的「量子泡沫」（quantum foam）。

惠勒是一九五〇年代的物理學界大人物。他是普林斯頓的教授，參與過許多重要物品的發明，例如氫彈。但對我們的主題來說最重要的是，惠勒曾在波耳手下學習核子物理學，他覺得波耳很厲害。惠勒非常尊敬波耳，所以他堅持艾弗雷特的多重宇宙理論必須獲得波耳的認可。

問題是，艾弗雷特的想法等於對波耳的塌縮理論（以及當時他的事業）比了一個大中指！毫無意外地，波耳雙臂交疊於胸前，用丹麥語低聲罵了幾句髒話，態度堅決地對艾弗雷特說：「Nø」。

在接下來的歲月裡，惠勒花很長的時間居中協條、左右

權衡，努力為兩人尋找共同點。起初他試著說服波耳，艾弗雷特的想法與波耳並非無法相容（騙人），希望波耳能因此接納艾弗雷特的非塌縮理論（波耳說：我才不要）。

這招失敗之後，惠勒試著勸艾弗雷特把論文的用字遣詞大大美化一番，退一步海闊天空，結果也沒什麼用。

為了讓導師與愛徒的觀點和諧共存，走投無路的惠勒決定安排他們見面。這場會面堪稱災難：波耳與他的幾個小弟狂罵艾弗雷特，說他「笨得難以形容」，平心而論，以我個人參加物理學學術會議的經驗來說，這種情況是家常便飯。

雙方的核心歧異在於波耳將宇宙分成兩部分：

- 一個是「小東西」的世界，可同時存在於多處
- 另一個是「大東西」的世界，無法同時存在於多處

波耳不認為這兩個世界一樣「真實」。他認為電子可同時往兩個方向旋轉、光子同時存在於兩處的「小世界」，是概念性的抽象世界。這個小世界裡的東西只有在被觀察和塌縮之後才會「成真」，並進入我們看得見的「大世界」。

波耳的觀念可圖示如下：

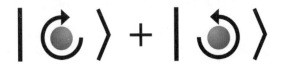

不是一個真實的電子同時往兩個方向旋轉，比較像是一個模糊的哲學<u>想法</u>在受到觀察並塌縮之後，才變成一個真實的電子。

艾弗雷特不喜歡波耳這種半真實半概念的科學怪人宇宙，他認為我們應該認真對待括量：如果括量告訴我們電子同時往兩個方向旋轉，我們哪有資格反駁呢？

波耳與艾弗雷特來回交鋒了幾年，有時直接對決，有時透過支持者。情況大致如下：

艾：宇宙分裂成「真實」與奇怪的「概念」兩個版本，這種想法很蠢。

波：你完全不懂量子力學吧？量子力學明確告訴我們，宇宙分為真實與概念兩部分。

艾：不對，你說的「量子力學」只是你<u>對量子理論的個人詮釋</u>。我提出另一種詮釋解決殭屍貓問題也解決你的問題，塌縮根本沒必要。

波：嗯……不對，我確定你錯了。量子力學說得很

清楚，宇宙分成真實的部分與概念的部分。

艾：喔，你又錯了。你一副只有你的理論才能⋯⋯

波：小子，我<u>就是</u>量子力學。你趕緊滾吧，不要妨礙我沮喪地一邊思考、一邊抽菸斗、一邊失望搖頭。

艾：隨便你，我自己走。

波耳與他的哥本哈根詮釋支持者從未真正了解艾弗雷特的理論，自然無法提出有用的批評，這一點著實可惜。當然這並不代表波耳絕對有錯，只是對任何一個支持科學研究世界運作的人來說，這種態度令人無奈。

波耳的追隨者不是普通的物理阿宅：他們對波耳的觀點抱持近乎宗教狂熱的支持，所以極力反對艾弗雷特的觀點。波耳的一位弟子說艾弗雷特的想法是「邪說異端」，即使到了今天仍有人說波耳的理論是量子力學的「正統詮釋」，這絕非巧合。據我所知，從來不曾有人因為反對波耳被綁在柱子上燒死，不過這可能是因為物理學家大多不是手巧之人，不擅長生火。

波耳不認同艾弗雷特的非塌縮量子理論，這令惠勒陷入窘境。惠勒被迫在學生與導師之間選邊站——還得面對波耳的支持者小圈圈集體搖頭、連聲反對的壓力——可憐的惠勒很快就否認自己曾經反對主流共識，他寫了一封信給波耳的

一位同夥，內容看起來猶如受到威逼的人質：

> 我一點也不懷疑目前量子力學形式主義的自洽性
> （self consistency）與正確性……恰恰相反，我向來
> 大力支持也將持續支持目前解決測量問題的作法，
> 這種作法是難以避免的。我想把話說清楚，艾弗雷
> 特或許曾對這一點提出質疑，但我絕對沒有。

這封信的內容——出自當時一位頂尖物理學家之手——
反映了新的科學想法會遭到怎樣的對待，值得我們深思。

不知道你是怎麼想的，但我每次看到以提問為專業的人
說自己「一點也不懷疑」某個理論的「自洽性與正確性」，
就會覺得全身不舒服，更不用說把某個理論形容成「難以避
免」。上帝的憤怒、營業稅、學生貸款才是「難以避免」的。
用這個詞來形容科學理論，似乎非常……不科學。

當靈長類動物拉幫結派，而且這些幫派裡的靈長類動物
都是有終身職的教授時，就會發生這種情況。

這場紛擾導致艾弗雷特永遠離開物理學界。量子力學失
去一位最了不起的創新者和最不知悔改的異端。不過呢，艾
弗雷特的兒子後來成為鰻魚樂團（Eels）的主唱，所以莫忘
多重宇宙的每條支線都有值得期待之處，這很重要。

雖然艾弗雷特離開學術界，但他的多重宇宙理論並未離開。支持者不多，也沒有人敢在高尚的圈子裡承認自己相信多重宇宙。儘管如此，它一直都在，幾十年後新一代的物理學家將重新發現它、接納它。他們急切地想把量子力學好好大掃除，丟掉塌縮與隨之而來的尷尬問題。如同我們的老朋友普朗克所說：「科學隨著每一次葬禮，一次一小步往前進。」

今天有愈來愈多物理學家認真思考艾弗雷特的多重宇宙是否可行，我認為我們應該問一個重要的問題：

如果它是對的呢？

上一章，我們看到只要把「觀察觸發塌縮」改成「就是會發生塌縮」，就足以震撼我們對人類本質的信念——包括靈魂與自由意志可能不存在，以及維繫人類社會的法律理論失效等等。

所以當你聽到我們若想擺脫塌縮——我們與無限多重宇宙之間的唯一阻礙——必須打開一個真正的潘朵拉的盒子時，或許不必太驚訝。這個潘朵拉的盒子將顛覆你所相信的道德、外星生物與身分認同。

讓我們偷偷打開盒子看一眼。

第7章
時間簡史

你應該沒聽過里奧波德・洛伊卡（Leopold Lojka）這個名字。這或許正是重點所在。

里奧是個司機。一九一四年六月，他在塞拉耶佛的一條街上轉錯了彎，把車子暫時停在一家熟食店門口。熟食店裡突然衝出一名恐怖分子，開槍射殺里奧車上的乘客。這對歐洲人來說相當不幸，因為里奧的乘客是奧匈帝國的皇太子斐迪南大公（Franz Ferdinand）。兩天後，奧匈帝國與德國警告塞爾維亞最好對刺殺案展開調查，因為他們有理由相信塞爾維亞人參與了刺殺。塞爾維亞人用塞爾維亞語說「No」。

奧匈帝國召回駐塞爾維亞大使，俄國人認為這是併吞巴爾幹半島的好機會於是立刻發動軍隊，而這一切發生在短短幾週內。到了九月，歐洲陷入第一次世界大戰，這是二十世紀排名第二的殘酷戰爭。二十年後，一戰的餘波引發第二次世界大戰，這是二十世紀排名第一的殘酷戰爭。二戰的餘波

醞釀冷戰，冷戰孕育賓拉登（Osama bin Laden），賓拉登籌劃九一一事件，九一一事件造就現代機場安檢。

若是你曾好奇「為什麼搭這架愚蠢的飛機之前得先把水壺裡的水倒光？」，這就答案。一切都是因為一九一四年里奧在塞拉耶佛駕車時走錯路。

至少這是部分原因。如果你放大檢視里奧的大腦，會發現那天他在塞拉耶佛駕車時決定轉彎，其實有更基本的、可追溯到量子力學的原因。

為了讓里奧轉錯彎進而觸發全球規模最大的兩場衝突，需要數量多到驚人的量子事件以恰到好處的方式接連發生。從「宇宙誕生，一大堆粒子隨機亂飛」到「一名方向感很差的匈牙利司機即將引發世界大戰」，其實機率低得不得了。

大約要有十的二十八次方個原子以正確的方式聚集在一起，才能構成里奧的身體。但更重要的是：宇宙裡的每個次原子粒子都必須遵循一條至少有點特定的路徑。構成太陽（以及每一個星系裡的恆星與行星）的粒子都必須以各種精準程度一一到位，才能創造出那一瞬間存在的宇宙、地理、政治和區域情境。這是無數巧合累積而成的結果。

而你在此時此刻閱讀這段話，需要的巧合數量超越里奧和他轉錯的彎。這是因為從里奧的年代到今天為止，每一個可能改變歷史的量子事件都必須發生得恰到好處，才能使你

成為現在的你。我必須從研究所休學，創業，寫幾篇關於量子力學的部落格文章紓壓，收到作家經紀人的聯絡（嗨，麥克！），找到願意出版這個超級長句的瘋狂出版商（謝了，尼克！）。然後你還得買下這本書或下載這本書（嗨，免費仔！），忍耐前面的冷笑話跟不倫不類的比喻，才能從前言一路看到這一頁。我都還沒開始講冷戰的影響呢。

這就是時間的流淌：它使我們陷入一個愈來愈深、愈來愈窄的量子洞穴裡——無數巧合累積起來，定義了今天，也定義了我們所認為的歷史。

歷史很重要。了解過去能賦予我們需要的視角，使我們看清現在的自己和下一步該往哪兒走。我們需要這種視角來定義自我、選擇朋友、找到人生的目標與意義，以及想清楚到底是生酮飲食讓人變得討厭，還是討厭鬼剛好容易愛上生酮飲食。

這是艾弗雷特的多重宇宙理論令人不舒服的原因之一：它不僅改變人類歷史，也重新定義歷史對人類的意義。伽利略說，人類不是宇宙的中心；艾弗雷特說，我們的宇宙不是宇宙史的中心。

做這樣的事情不可能沒有嚴重的（而且非常奇怪的）後果。

多重宇宙（保證很簡短）的簡史

我們在前一章看到粒子為什麼不可能固定留在一處，一定會開始擴散，並同時出現在許多地方。我說這叫做海森堡測不準原理，還開玩笑說次原子粒子像糟糕的室友，希望讀者都喜歡這個冷笑話。我對亞馬遜網站上的讀者評論充滿期待。

「呃，我必須擴散」

稍微偏左　　　原始位置　　　稍微偏右

總之，我還說你可以把這種擴散效應想像成一種力量，它在艾弗雷特的理論裡不斷開啟平行宇宙。

假設測不準原理強迫一個電子擴散到兩個位置。其中一個剛好落在能撞上另一個粒子、然後環環相扣最終導致第三次世界大戰的位置。另一個位置不會讓電子以任何有趣的方式影響宇宙的歷史。

在這種情況下，測不準原理造成的次原子擴散開啟了兩條截然不同的支線：一條是第三次世界大戰的宇宙，另一條是比較平凡且安全的宇宙：

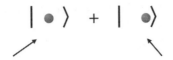

這個版本剛好撞上另一個粒子，　　這個版本不會以有趣
最終引發第三次世界大戰　　　　　的方式影響歷史

但這種擴散與支線不是什麼新概念，自古以來早已存在。

宇宙學家對宇宙形成之初發生了什麼事意見分歧。如同量子物理學家，他們提出相互矛盾的故事來解釋宇宙如何演變成現在的模樣。有人說，宇宙誕生於另一個宇宙的塌縮；有人說，是奇怪的量子效應讓宇宙突然出現。挪威人相信宇宙是從冰雪巨人尤彌爾（Ymir）的腋下冒出來的，不過他們對相關的物理學原理講得不太清楚，我們很難判斷他們是否有所發現。

我不是宇宙學家，所以我打算跳過宇宙學領域的內部紛爭，直接告訴你目前為止最接近共識的版本。

我們的宇宙是在短時間內誕生的，而且這段時間內，我們今天所知的物理定律無法發揮作用。這個階段的宇宙約為質子的十億分之一，質子約為原子的十萬分之一，原子約為阿諾・史瓦辛格剛鍛鍊完的左手臂二頭肌的十億分之一。

接著發生了怪事：宇宙開始以難以置信的超快速度擴張膨脹。在大約0.000000000000000000000000000000001秒內

就膨脹成一顆小雨滴的大小。雨滴聽起來不大，但是以宇宙的質量來說，它這麼快就膨脹成一顆小雨滴，空間的膨脹速度必須超越光速。

假設你我當時也在現場，身高一奈米，彼此距離也是一奈米，這段劇烈膨脹期能把我們猛烈而快速地拆散，使我們在後來形成的宇宙裡相隔無比遙遠。正因如此，這個初生宇宙裡物質密度的各種微小差異，將對未來的宇宙整體結構產生巨大的影響。如果上帝有非常特定的幽默感，他可能會選擇在此時此刻把名字的縮寫刻在宇宙結構上，因為他知道幾十億年後，這些字母將隨著星系的結構與分布永垂不朽。

在這段初生時期，宇宙的重力、電磁力、強力等基本作用一一出現，第一個粒子也在此時形成。

這些粒子遵循我們討論了一路的量子力學定律。艾弗雷特的理論說，基於海森堡測不準原理，粒子會擴散並同時出現在許多地方。擴散的粒子各自發展成新的多重宇宙支線，然後繼續擴散、繼續發展支線。於是宇宙很快就變成一個巨大的多重宇宙，粒子以每一種可能的方式排列，在不同的平行時間線裡發揮作用。

粒子擴散和支線分裂最早發生的時候，是在粒子行為的微小差異能對後來的星系結構與分布產生巨大影響的時期，因此多重宇宙將包含巨量支線（可能是無限多），每條宇宙

支線的劇情都不一樣。

雖然這些支線幾乎都有與我們相似的特徵——恆星、行星、星系等等——但支線之間的恆星與行星可能會有天壤之別。多數支線裡的銀河系都不會是我們認得的樣貌，更別提太陽、地球和殺死艾普斯坦的兇手[1]。

也會出現瘋狂的支線。例如太陽系裡可能有些粒子以等比例的方式排列成名廚拉姆齊（Gordon Ramsay）的抬頭紋，在多重宇宙裡發展另一條支線。

但更奇怪的是這種情況：一團沒有生命的原子以正確的方式撞在一起，形成一個分子，這個分子剛好非常擅長不斷自我複製。

人類就是這樣出現的。

從物理學到生物學

沒有生命的原子團塊，怎麼演變出人類文明、低碳飲食和語音廣告電話？

一切可能始於一種非常特殊的結構：一個自我複製的分

譯註1：Jeffrey Epstein，美國投資家兼慈善家，因未成年人性交易案被捕，2019年在獄中自殺身亡，但死因充滿疑雲。

子。這個分子的形狀或結構能使它將周圍的物質重新排列，放進自己的複製版本裡。

若你覺得分子做這種事好像很奇怪，那是因為真的很奇怪！絕大多數的分子不會自我複製。有些會，你應該聽過其中一種，至少是間接聽說過。

二〇〇〇年代中期，狂牛病是醫學的熱議焦點，擔心狂牛病成了時尚潮流。據信狂牛病是一種叫做普里昂（prion）的變異蛋白質分子造成的。普里昂很奇怪，它會把正常的蛋白質重新折疊，讓它們變成自己的複製品。複製品大軍重複相同過程，通常會造成致命疾病。

自我複製在自然界不是新鮮事，但是重新折疊既有的蛋白質來自我複製與從零開始自我複製完全是兩回事，目前沒人知道這種更加困難的作用是怎麼發生的。雖然這一題沒有答案，但化學家已把地球上出現生命時就已存在的許多化合物（關於這點，他們只有二十％的把握）混在一起，證實分子自我複製是可能發生的。

無論最初是怎麼出現的，這種原始的自我複製分子通常會做出與自己一模一樣的複製品。但複製過程偶爾也會出錯，產出有瑕疵的複製品。大部分的瑕疵品會喪失自我複製的能力，因為自我複製需要的分子結構非常特定，也非常脆弱。幾乎以任何方式改變這些結構，都會導致結構崩散。

但是在極其罕見的情況下，複製品會比原版分子更擅長自我複製。這個新分子終將戰勝並取代原版分子，繼續產出有瑕疵的複製品，然後又被比自己更厲害的新分子取代。如此反覆循環，直到某個時刻，有個分子進入一個美麗的泡泡裡，創造出史上第一顆類似細胞的東西。

　　這是演化最初的模樣，它開啟了一個持續數十億年的過程，製造出更複雜、更有競爭力的分子。很快地，這些分子不再只是分子或原始細胞，也包括變形蟲、花生與人類。甚至包括病毒與看正妹的男友梗圖，我們只是它們用來自我複製的載具。萬物都是分子複製的結果。

　　至少這是地質學家、地球科學家、演化生物學家大致上的共識，也就是介紹自己的工作時必須解釋兩次以上你才能聽懂的那些人。可是，這種想法的真實性有多高？

　　沒人知道答案。一九五○年代學術界有個叫做米勒（Miller）的傢伙跟一個叫尤里（Urey）的諾貝爾獎得主一起做了個實驗，他們把幾種無機化合物放在一個小裝置裡混合，這個裝置模擬了生命演化之初的地球環境。他們的實驗裝置製造出一些很酷的分子，例如核鹼基。核鹼基至關重要，因為核鹼基是RNA的基本原料，許多人認為RNA適合改名為「頭號自我複製分子」。在那之後也有其他實驗發現類似的結果，如今大眾普遍認為，生命的有機前質（organic precursors）很可能誕生於無機環境，而且這種情況很常見。

但是證明生命的原料可以從無到有、自然出現是一回事，要證明它們可以拼湊出產生可自我複製分子需要的特定結構則完全是另一回事。我們依然不知道第一個能夠自我複製的分子是什麼，也不知道哪些分子能撐過早期的地球環境，所以無法預估這些原料自然拼湊出分子的可能性有多高或多低。因此，我們無從得知地球或任何地方演化出生命的可能性。

不過，我們知道這樣的機率不會太高。如果生命很容易出現，宇宙應該會是個生意盎然的地方。據我們所知，情況似乎並非如此。但這種機率到底有多低呢？

如果艾弗雷特的理論成立，答案可能遠遠低於你的想像。

從生物學到物理學

根據我們對化學、生物學與物理學的認識，古地球表面從充滿無生命的粒子到出現第一顆細胞的可能性極低。這或許需要一連串歷時漫長且不太可能發生的量子巧合，但即使考慮到宇宙裡的行星與恆星數量如此龐大，這件事可能性仍是微乎其微。

但我們的宇宙確實演化出生命。所以⋯⋯應該可以排除

「生命基本上不可能出現」的假設吧？

艾弗雷特的理論說，當然可以！無論一個事件發生的可能性有多低——包括無生命物質重新排列並創造出第一批可複製分子與細胞這麼不可能的事——肯定都會發生在多重宇宙的某個地方。只有演化出生命的多重宇宙支線，才有機會被生物體驗。

我們會變成現在的我們，其實並不奇怪。不是什麼宇宙陰謀，也不是不可思議的幸運。而是除此之外，沒有其他可能。多重宇宙沒有生命的支線裡，沒有生物能夠體驗它們。那裡沒有人類仰望天空，說：「沒錯，跟我想的一樣。（幫荒蕪的類地球行星哭哭。）這裡確實是一個沒有生命的宇宙。」

沒有東西可以體驗，也沒有東西被體驗。如果有一顆樹狀岩石掉進沒有生命的多重宇宙支線裡，因為那裡沒有人，所以這件事不會被察覺。不管在哪個意義層面上，這顆岩石都只會落地無聲。

但是像地球這種極為罕見、發展出生命的支線，有像我們這樣的生物察覺到自己的存在，我們很容易出於直覺相信宇宙裡有生命的可能性相當高。但艾弗雷特的理論告訴我們，這種想像毫無根據。因為我們存在，所以生命存在的可能性必然很高，這樣的直覺站不住腳。我們存在的現實世界只是無數版本中的其中一個，而大部分的版本裡都沒有生

命。

　　將來有一天，或許會有實驗證明無生命的化合物或核鹼基自然排列出能夠自我複製的生命，<u>根本就是</u>無稽之談。真有那麼一天，艾弗雷特的理論或許是少數能用來解釋生命如何排除萬難、出現在地球上的原因之一。因為它明確指出兩件事：第一，多重宇宙的某些支線必定會演化出生命；第二，我們必定存在於其中一條支線裡。

　　這套邏輯反過來也說得通：每一個暗示生命不可能存在的證據，在某種意義上也證實了艾弗雷特的量子多重宇宙！

　　這並不代表如果生命出現的機率很低，我們就只能用艾弗雷特的多重宇宙來解釋人類的存在。還有其他理論。例如宇宙可能無比浩瀚，或是行星的實際數量超級多，這些都會大大增加生命出現的機會。當然這一切說不定只是伊隆・馬斯克（Elon Musk）筆電裡的模擬程式……仔細想想，這或許能解釋特斯拉的股價走勢。

　　話雖如此，有了艾弗雷特的理論，我們不需要假設宇宙裡有多少行星與恆星或是其他條件，也能解釋我們眼中所見的宇宙。基於這個原因，它或許能成為宇宙和演化裡最重要的一塊拼圖。

　　另一塊拼圖是：<u>外星人</u>。

費米悖論

艾弗雷特的多重宇宙提供了一種了解人類如何出現的方法，雖然無生命的前質自然創造出生命的機會微乎其微。它使我們重新想像宇宙是一個多重宇宙，有些支線裡會出現生命誕生需要的、難以置信的巧合，有些支線則是死氣沉沉又無趣，就像物理學家參加研討會時在電梯裡的閒聊。

有件事我們可以確定：我們注定要生活在一個會出現生命的宇宙裡，但這並不等於我們注定要生活在一個生命出現不只一次的宇宙裡。

我們用最棒的望遠鏡與碟型天線仰望夜空，卻從來沒有觀察到外星人的跡象。這意味著幾種可能性。

外星人或許存在，只是隱匿蹤跡。其實這個策略相當聰明。如果你是有智慧的外星生物，或許會擔心向全宇宙現身可能引來有敵意的物種，而這些物種之中，有些可能比你早演化個幾十億年，擁有比你先進許多的技術。我不知道iPhone 1,583,221有多厲害，但iPhone 11已有內建的慢動作自拍功能，所以不排除iPhone 1,583,221有瞬間移動功能，還配備能蒸發對手的太空雷射。

還有一種可能是有智慧的生物幾乎難免走上自我滅絕之路，冷戰期間人類就差點滅絕；下個世紀我們或許將再次面

臨存在危機，風險因子包括基因工程製造的病原體、人工智慧（AI）、奈米機器人，以及派拉蒙影業（Paramount）令人難以理解地決定重啟VH1電視台實境節目《裸體約會》（*Dating Naked*）。

又或者外星人雖然存在，但是對殖民全宇宙、發展科技之類的事情沒有興趣。

艾弗雷特的多重宇宙為我們提供另一種選項：演化出生命的機率可能低得不得了，低到幾乎可以肯定在極少數確實出現生命的宇宙裡，這件事不會發生兩次。我們一直沒有看到克林貢人（Klingons）和武基人（Wookiees），或許答案就在艾弗雷特的理論裡。

還有一個例子也展現了艾弗雷特的理論令人驚嘆的涵蓋範圍：他的理論提供一個全新視角，宇宙史的每一個層面幾乎都能透過這個新視角重新檢視。事實上，它幾乎強迫我們重新思考每一件事──連宗教也不例外。

多重宇宙信仰

艾弗雷特的理論顛覆我們的宇宙觀，主要是因為它改變了「真實」的定義。

太陽系的中心是太陽，而不是地球嗎？是也不是──太

陽在多重宇宙的某些支線裡是太陽系的中心，在某些支線裡不是。一三〇〇年代奪走歐洲半數人口的黑死病，是藉由跳蚤散播的微生物造成的嗎？是也不是。

當然，每條支線的量子事件數量都不相同。想要讓地球與太陽的每一個粒子都違背符合重力的星體運動模式，需要共同配合的量子事件多達天文數字。同樣的，要讓歐洲黑暗時代的半數人口身上的粒子自動重新排列，進而造成幾千萬人在沒有瘟疫的情況下出現瘟疫症狀，也需要類似的共同配合才行。因此，這樣奇特的支線極度罕見——也就是說，我們極度不可能生活在這樣的支線裡。

但艾弗雷特的理論想要強調的是，多重宇宙裡確實存在這種奇怪的支線。這為幾個長期的爭議帶來新的轉折。如果你會跟別人爭辯《星艦迷航》（*Star Trek*）的編劇是不是過度使用「很諷刺，對嗎？」這句台詞（ironic, isn't it），或是爭辯西元元年的時候是否真有一個叫做耶穌的奇蹟寶寶在國定假日的這一天出生，其實你們的歧見並非這些事件有沒有發生，而是它們有沒有發生在屬於我們的宇宙支線裡。

這使我想起艾弗雷特的理論和許多熱門宗教之間的奇特互動。

我狂吃泡麵、猛拔頭髮的研究生時期，正值某個以科普為動力抨擊宗教浪潮的尾聲，當時稱之為新無神論（New

Atheism）。基本上，新無神論的重點是指出主流科學與宗教世界觀之間的差異，包括基督教、伊斯蘭教與猶太教等等。主導這場運動的人都很有趣，思慮也很周全，包括與我同姓但不是親戚的神經科學家兼哲學家山姆・哈里斯（Sam Harris），以及大家最喜歡的硬漢知識分子、總是能用適當的艱澀詞彙形容任何場合的男人：克里斯多福・希鈞斯（Christopher Hitchens）。

但支持新無神論的人也有討厭鬼。比如我。不知道為什麼，我很喜歡跟有宗教信仰的人辯論宗教，而且我會故意這麼做。奇怪的是，我居然找到不少有宗教信仰的人願意忍受我在他們面前抨擊宗教、醜態百出。很快我就發現，多倫多的基督教福音派規模意外龐大（現在你也知道了）。

我就是在那裡知道有許多宗教思想家（尤其是基督徒）都不喜歡艾弗雷特的理論，原因有二。第一，如果你剛好相信某個宗教故事是真的，你很可能會因此排斥其他的版本——也就是說，只有這個故事是真的，其他都是假的。你確實能憑藉艾弗雷特的理論宣稱，你喜歡的宗教故事都是真的——甚至連故事裡描述的事件都曾在我們的多重宇宙支線裡發生過。但艾弗雷特的理論沒有排除其他版本，而是給予每個版本平等的地位：每一種信仰都在多重宇宙裡占有一席之地，無論這個席位是大是小！耶穌確實曾在水上行走；穆

罕默德確實騎著有翅膀的馬飛上天堂（或至少是太空之類的地方）；山達基說的都是真的，七千五百萬年前有一個叫做茲努（Xenu）的星系領袖曾經來到史前地球，往許多火山裡扔了氫彈。在某些支線裡，這三件事都曾發生過！

但更重要的是，大部分有宗教信仰的人都認為自己的神是慈悲的神。這會造成問題，因為在任何事都有可能發生的多重宇宙裡，會有一些支線是情況惡劣到極點的宇宙。這些地方的人類之所以存在只是為了承受永無止盡的苦難，儘管他們從未犯過任何罪行。比如說，有感情的生物全部被倒掛著觀看馬丁‧史柯西斯（Martin Scorsese）的電影《殘酷大街》（*Mean Street*）。

創造出多重宇宙的神也創造出這些悲慘世界，很多人難以想像慈悲的神怎麼可能如此殘酷。無論造物主重視什麼價值，也無論他們的計畫有多複雜，總是會有徹底違反這些價值與計畫的多重宇宙支線。

不過，有人想消除艾弗雷特的多重宇宙與關懷人類幸福的神明之間的歧異。我曾與一位支持多重宇宙的基督徒哲學家討論過這件事（是的，基督徒哲學家確實存在；是的，他們人數不多。）他認為如果艾弗雷特的理論成立，上帝有可能會把過度偏向「邪惡、恐怖的苦難」的宇宙支線修剪掉，只為我們（和其他有感情的物種）留下神性認可的支線來體

驗。

不管你怎麼看待這種試圖讓艾弗雷特的理論與主流宗教和諧共存的努力，我認為這再次展現量子理論如何強迫我們重新思考曾經一度被認為超出科學範疇的世界觀。這可能會帶來有趣的副作用，包括提出愈來愈可供驗證的預測、更細緻的宗教敘事，例如上帝會修剪多重宇宙。

不過艾弗雷特的多重永宙與大部分的宗教世界觀之間最有趣的重疊之處，與殘酷或苦難完全無關。

而是與永生有關。

量子自殺

讓我們想像一個奇特的情境：暗黑版的殭屍貓實驗。

這次我們的槍口不是對著貓，而是你。不過別擔心：我們也會想像你有鉅額的人壽保險。

實驗配置是一個電子在旋轉探測器旁邊，電子順時針旋轉會觸發探測器，槍發射，你死掉。和之前一樣，電子逆時針旋轉不會觸發探測器，你會活下來。

但一如往常，我們的電子既不是順時針旋轉，也不是逆時針旋轉，而是同時往兩個方向旋轉：

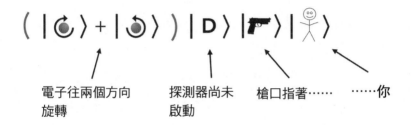

電子往兩個方向　探測器尚未　槍口指著……　……你
旋轉　　　　　　啟動

我們打開旋轉探測器。接下來會發生什麼事呢？

探測器照舊分裂成兩個版本，一個探測到電子順時針旋轉，於是被觸發！另一個探測到電子逆時針旋轉，所以紋風不動：

探測器照舊分裂成兩個版本

和之前一樣，探測器傳送訊號給分裂成兩個版本的槍。受到探測器的觸發，其中一個版本的槍會發射，另一個不會發射：

槍也一分為二

子彈朝你極速飛來（或沒有飛來）。

你會有什麼下場？

如果我們相信艾弗雷特所說的「你和貓沒有不同」，那答案很簡單：你會分裂成兩個版本，其中一個被射殺，另一個會活下來，因為槍沒有發射：

$$\left(\ \middle| \ \circlearrowright \ \middle\rangle \ \middle| \ D_{\checkmark} \ \middle\rangle \ \middle| \ \text{槍} \ \middle\rangle \ \middle| \ \text{人} \ \middle\rangle \ \right) + \ \middle| \ \circlearrowleft \ \middle\rangle \ \middle| \ D \ \middle\rangle \ \middle| \ \text{槍} \ \middle\rangle \ \middle| \ \text{人} \ \middle\rangle \ \right)$$

順時針旋轉，探測器被觸發，　　　逆時針旋轉，探測器未觸發，
槍發射，你死掉　　　　　　　　　槍未發射，你活著

這個實驗配置——同時往兩個方向旋轉的電子，連接著一把瞄準你的槍——被稱為「量子自殺」實驗。

有些物理學家認為，這個實驗或許能證明你永遠不會死。

量子永生

成為括量裡的火柴人是什麼感覺？

其中一種情況是與子彈擦肩而過，死裡逃生，你應該會鬆一口氣，或許得換下汗濕的內衣。至於另一種情況——你被槍殺了，然後呢？

有物理學家認為，量子自殺實驗裡的你不可能擁有「死

掉的你」的經驗，因為「死掉的你」對這個世界的經驗是零。你的心智已被射成碎片，所以沒有思想——也沒有意識。

他們認為你只可能經歷一種宇宙，那就是你<u>活下來</u>的那一種：

這個版本的你沒有意識經驗，
無法感知實驗結果……

……你注定只能
經歷這個結果

若真是如此，你注定只會看見「活著的你」的結果。無論如何，你一定會活下來（或至少你一定會有活下來的<u>經驗</u>）。

這與我們用來解釋人類為什麼是宇宙裡僅見的智慧生物的邏輯很相似：就算生命存在的多重宇宙支線數量極少，它們也會是我們唯一有機會經歷的支線，是我們生存的地方。正如出現在一個有生命的宇宙裡是你的宿命，你也注定會存在於一個你在量子自殺實驗中沒有死掉的宇宙。

讓我們想像用一個新的電子重新做實驗。根據量子永生理論，使用相同的邏輯，這次你應該也將經歷活下來的版本。

若重複相同實驗一百次，你應該每一次都會經歷活下來的版本。在比較正常的情況下，機率會是二的一百次方分之

一（$1/2^{100}$），或是大約十的三十次方分之一（1/1,300,000,000,
000,000,000,000,000,000,000），和連續贏三次樂透再被馬桶
弄傷的機率差不多*。

不過，只有在你活下來的實驗的宇宙是真實的前提下，
量子永生才會成立──也就是說，前提是艾弗雷特的多重宇
宙確實存在。如果它不存在，電子一旦順時針旋轉你就死定
了，大概會發生在第一次或第二次實驗的時候。

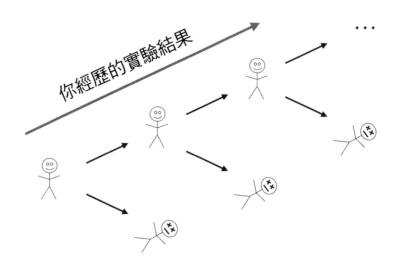

這意味著你可以用量子自殺實驗證明平行宇宙的存在。

---

* 根據 CDC 的統計，被馬桶弄傷的機率約為萬分之一。我個人對這項統計
感到很欣慰：我絕對猜不到馬桶的危險程度居然直逼花生。

邏輯是這樣的：如果只有一個宇宙，每一次做量子自殺實驗，你的死亡概率都是五十％。只要重複實驗十幾次，你幾乎必死無疑。

　　但如果每一次實驗都確實存在你活下來的宇宙，就會打開量子永生的大門。如果你做了一百次以上的量子自殺實驗都活了下來，本質上就已證實平行宇宙的存在。

　　但是……呃……請勿在家嘗試。

媽，快看！我永生不死耶！

　　接下來，我們想像你對量子永生非常感興趣，並且獲得一筆架設量子自殺裝置的研究經費。你走進實驗裝置裡，經過一百次實驗之後活著走出來，你證明了平行宇宙的存在，趕緊將實驗結果昭告天下，準備領取諾貝爾獎！

　　等一下，別急。

　　對那些沒有跟你一起待在實驗裝置裡的人來說，你看起來肯定幸運得不得了。

　　但無論你活過幾次量子自殺實驗，在他們眼中都只是出於幸運，因為從他們的角度看來，再實驗個一百次，你幾乎必死無疑。

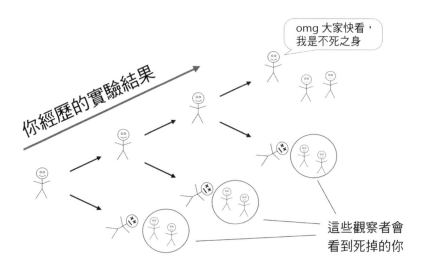

你經歷的實驗結果

omg 大家快看，
我是不死之身

這些觀察者會
看到死掉的你

　　量子永生理論告訴我們，你會經歷你在量子自殺實驗中存活下來的那些宇宙，因為你不可能經歷你沒存活下來的宇宙。而無論你是死是活，不是你的每一個人將依然存在於這兩種宇宙裡。如果你再做一百次量子自殺實驗，其中將九十九個宇宙裡的你會死去，其他人得把你的屍體送去太平間。

　　因此，即使你在第一百次實驗後從量子自殺裝置裡走出來，旁觀者大概只會抬眼看著你說：「我可以相信你真的非常、非常幸運。但如果你真的是不死之身，那就再實驗個一百次。」

　　若你照做了，他們的未來經驗中，絕大多數都將是看著你愉快地走進量子永生的大門，然後很快就在五、六次實驗

後中彈身亡。他們會得意地看著你軟趴趴的屍體，希望你能活著聽他們說一句：「我早就說會這樣吧」（物理學家有時候就是這麼機車）。

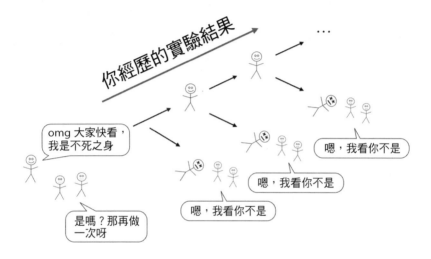

重點是就算量子永生真的存在，你也只能向自己證明這件事。在其他人眼中，你永遠只是幸運的渾蛋或死透的白痴。

詮釋到極致

有些人甚至把量子永生詮釋得更加極致：每一次差點奪你性命的心臟病發作、癌症、槍傷等等，理論上都是大量細胞事件（也就是量子力學事件）的結果。

比如說，一個電子稍微被往左或往右推一點，或許就會關閉一個原本會殺死你的癌症基因。每當我們面對死亡的可能性時，可以說都是在經歷一個精心設計的量子自殺實驗。這意味著每一次我們都注定只會經歷活下來的實驗結果。

所以量子永生的死忠支持者說，我們注定要成為地球上最老的人——比親朋好友、甚至比人類和地球都活得更老，因為本質上我們的意識經驗被困在多重宇宙支線的「存活結果」裡。

這是相當黑暗的永生詮釋，因為它雖然保證我們一定能存活，卻不能幫我們抵擋活到幾十億歲那麼老的痛苦。比如說關節炎。

量子永生的問題

這場量子永生派對確實有點太過喧鬧，吵得懷疑量子永生的人決定翻身起床，穿上用薛丁格方程式點綴的睡袍，黏好涼鞋上的魔鬼氈，慢慢走過去叫他們立刻散場。

平行宇宙和量子永生有這麼難讓人相信嗎？你問。

問題在於，量子永生完全仰賴實驗者的瞬間死亡。

想一想實驗裡的那把槍：槍發射後，你還有幾百毫秒的時間是活著的，意識完全清楚。所以即使在這樣的時間線

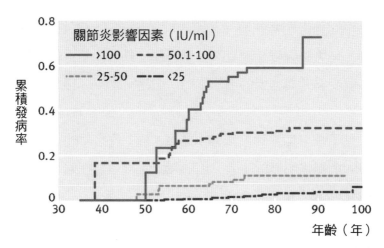

關節炎發生率與年齡關係圖。如果量子永生理論成立，關節炎避無可避。資料來源：S. F. Nielsen et al., "Elevated Rheumatoid Factor and Long Term Risk of Rheumatoid Arthritis: A Prospective Cohort Study," *BMJ* 345 (2012).

裡，你依然會體驗到什麼——即使只是非常短暫的體驗。

　　因此抱持懷疑態度的人說，你絕對有可能進入「你死掉」的時間線，因為在那極為短暫的一剎那，你確實擁有能夠經歷這條時間線的意識。你的意識不可能脫離這條時間線，所以無論死是什麼感覺，你都一定會感受到。

　　除此之外，就算是速度最快的死亡過程，在任何與量子力學相關的時間尺度裡依然相當緩慢。身體會隨著死亡而退化，逐漸失去原本的結構、感官、認知能力，無論是疾病引起的退化，還是子彈射穿頭部（驚）造成的退化。但「失去

意識」的神奇門檻在哪兒？跨過門檻，你就什麼也「體驗」不到。是失去視覺、聽覺、嗅覺的那一刻嗎？是大腦受損到無法感受痛苦與喜悅的那一刻嗎？還是完全不一樣的別的東西？

量子永生似乎過度依賴「意識」或「覺察」的定義，但是沒人能提供明確的定義。因為無法定義這些概念，所以我們無法判斷多重宇宙的哪些支線可以「體驗」，哪些支線不行。

堅決支持量子永生的「死」硬派（抱歉，玩個地獄梗）說：「沒關係，我們設計一個能讓你立刻死透的實驗就行了吧。我們不會再手下留情：下一次思想實驗用的不是槍，而是雷射光束。直接把你蒸發掉，保證不管用什麼定義來看，你都是毫無意識。」

可是，雷射光也必須花費一段時間才能擊中並殺死你。我們似乎就是無法逃離「剎那的意識」難題。

哪怕你真的設計出一台瞬間蒸發裝置，量子永生還是存在一個更基本的反對理由：它假設「死亡」是我們無法經歷的存在狀態。如果這個想法是錯的呢？死亡或許感覺像是空無，但這並不代表那是我們無法經歷的狀態。有些人認為，死掉的你仍是不同版本的你，各自擁有自己對世界的體驗──只不過體驗的是空無。

整體而言，量子永生理論不太牢靠。既然唯一的驗證方式是製作現代技術暫時（或永遠）做不出來的裝置，並且把你自己直接放在槍口下，我個人並不期待答案會很快出現。

無論量子永生理論是否成立，它確實讓我們明白在艾弗雷特的理論裡使用「永生」和「死亡」等詞彙時，我們必須重新思考這些詞彙的涵義。

多數人認為「長生」等於「不死」。但是在艾弗雷特的多重宇宙裡並非如此：兩種狀態都有你，只是版本不同。你可以同時經歷長生與死亡。這算是「永生」嗎？

答案取決於你對於在多重宇宙裡生活（或死去）的你有多強烈的認同感。若你真的認為他們都是「你」，那麼知道他們之中有些人一定會活下來而且活得很好，自然會感到欣慰；知道有些人將承受痛苦，自然會感到悲傷。

可是，他們真的是你嗎？

回答這個問題務必小心！萬一做錯決定，可能會使你的國家的法律變得比雞肋更加無用。

第8章
違法的量子力學

　　一九〇〇年代早期，伊本尼澤·亞伯特·福克斯（Ebenezer Albert Fox）因為偷了別人的雞被送上法庭。至少政府很確定，偷雞的人就是他。問題是，伊本尼澤有個雙胞胎兄弟。

　　福克斯兄弟是出了名的偷雞賊，法院與員警一直拿他們束手無策，部分原因是他們總是分開犯罪。如此一來，檢方無法斷定哪一個孿生兄弟該為偷雞負責──這很麻煩。如果檢方無法排除合理懷疑，證明自己逮捕的是正確的犯人，就沒辦法成功起訴。

　　福克斯兄弟的手法令政府不堪其擾，他們的罪行加快英國警方採用指紋技術的速度。一九〇四年，他們光榮地成為第一批以指紋證據遭到起訴的英國人。

　　這個故事告訴我們，法律制度非常注重身分的正確性。即使面對同卵雙胞胎，而且兩人都是前科累累、肯定能因為某件事被判有罪，也從來沒有法官曾說：「管他那麼多，兩

個人都定罪吧——反正他們一樣活該！」

不。法律制度沒有選擇便宜行事，把這對罪有應得的雙胞胎一起扔進監獄，而是耗費巨資開發像指紋辨識這樣前所未見的新技術，只是為了百分之百確定他們沒有罰錯人，為了正確地審判的偷雞案。

毫不誇張地說，如果沒有明確且可靠的身分定義，我們的法律制度將分崩離析。檢察官在起訴犯罪案件時，如果無法確定被告的身分（單一身分），就無法主張被告有罪。這邏輯很簡單：沒有身分，就沒有法律。

遺憾的是，量子力學讓身分的定義變得曲折纏繞，遠遠沒有法院希望的那麼簡單。其實這也沒什麼好意外的：我們對個人身分的直覺，出現得要比電子、雙狹縫和量子永生實驗還要早很多。

但它們總歸是出現了，我們也不得不承受隨之而來的後果。而且這些後果令人不安，例如不合理的司法系統，以及有罪和無罪的思維前後邏輯不一。

「我」的身分認同

如果艾弗雷特說得沒錯，我們確實住在多重宇宙裡，那麼我們認為是單一物體的東西，例如樹木、岩石、花生，其

實都不是單一的。實際上，它們存在著許多版本。

以花生為例。在艾弗雷特的多重宇宙裡，一顆花生存在著許多不同的形態，它的身分不是單一的，生命歷程也不是單一的。其中一個版本的它躺在桌子的正中央，另一個版本稍微偏左（被咀嚼）或偏右（被踐踏）。那一個版本才是花生「本體」呢？在某種意義上，全部都是。也全部都不是。

所有的量子物體都是如此，包括人類。

假設你的某顆大腦神經元旁邊，剛好有一個特別重要的電子。基於種種原因，這個電子如果順時針旋轉，就會撞上這顆神經元，導致神經元向大腦其他部位發出訊號，使你產生無法抗拒的衝動去偷一隻雞。如果電子逆時針旋轉，你會決定泡杯茶來喝。

假設電子一開始是同時往兩個方向旋轉，如同經典的殭屍貓實驗：

電子往兩個方向旋轉　　自顧自忙碌的你

接下來，會怎麼樣？

其中一個版本會撞上神經元，另一個版本不會。一如往

常，宇宙會分裂成兩條時間線。一條時間線是電子順時針旋轉，你成了偷雞賊；在另一條時間線裡，你奉公守法地找「茶」（"tea" totaller）＊：

電子撞上神經元，你既偷雞又喝茶

那麼，分裂成兩個版本的你依然是同一個人嗎？

你可能想回答：是。畢竟「偷雞的你」與「分裂前的你」擁有相同的經驗與記憶。除了偷雞之外，這兩個版本一模一樣：

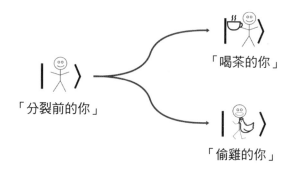

「喝茶的你」

「分裂前的你」

「偷雞的你」

但是「偷雞的你」與「喝茶的你」也存在著重大差異。

＊ 客觀而言，這個諧音梗很難笑，但我還是秉持公共服務的精神把它留下來，安慰那些以為teetotaller（滴酒不沾的人）本來就是這樣拼的朋友。

首先，他們正在做不一樣的事，而且他們的人生會隨著時間變得愈來愈不相同：「偷雞的你」可能會坐牢一陣子，在牢裡培養編織的習慣，最後成為世界編織冠軍；「喝茶的你」可能會把牛奶灑在筆電上，弄丟了重要的報告，最後被炒魷魚。

兩個版本的你會漸漸發展出不一樣的偏好、人際關係、生命經驗、政治觀點，甚至連人格也會變得不一樣。

但同樣值得注意的是，這兩個版本不會有交集。若其中一個你感冒了，另一個你不會流鼻涕。這個你偷雞，那個你沒有機會吃到這隻雞。所以要說分裂之後的你是「不一樣的人」，也站得住腳。

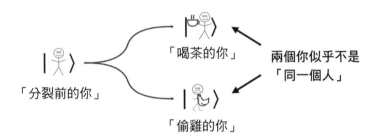

最後要問的是，分裂之前的你發生了什麼事？分裂之後，你和偷雞或喝茶的你是同一個人嗎？還是說，你在分裂的那一刻以不同的身分「重生」？

這些都不是學術問題。政府為了揪出一對卑鄙的偷雞賊，不惜耗費巨資開發指紋辨識技術。如果艾弗雷特的理論，使我們永遠無法確定任何人的身分，會怎麼樣？司法系統會突然變得莫衷一是，彷彿服用了超強效抗組織胺之後胡言亂語的喜劇演員羅素・布蘭德（Russell Brand）嗎？

我有機會用偷來的雞塞滿冷凍庫嗎？

身分危機

艾弗雷特的理論強迫人類思考棘手的身分問題，這並非科學上的創舉。細胞分裂也引發同樣的疑惑。

母細胞分裂成兩顆子細胞之後，哪一顆細胞是「原版」？兩顆子細胞共用同樣的身分嗎？乍看之下，你或許覺得有兩種選擇：

1）母細胞與子細胞的身分都不一樣；或是
2）母細胞與子細胞擁有相同的身分。

基本上，這兩種選擇與專業思想家針對多重宇宙的身分問題提出的選擇相似：一、分裂前後的你是不一樣的人，有不一樣的身分；二、分裂前後的你是同一個人，有一樣的身

分。

假設我們選擇一，也就是分裂前的你與分裂後的你是不同版本：

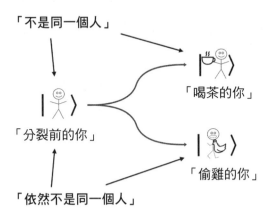

「不是同一個人」

「分裂前的你」

「喝茶的你」

「偷雞的你」

「依然不是同一個人」

選項一的意思是每當量子事件把你分裂成不同版本之後，新版本的你與分裂前的你不是同一個人。差不多就是在說：你分裂成不同版本的時候就死了，分裂一次死一次；你的身分不復存在，讓位給不再是「你」的新版本。

在艾弗雷特的多重宇宙裡，我們時時隨著量子事件不斷分裂，因為每一秒都有無數個粒子撞上我們。所以在你犯罪後的幾秒鐘之內，你就會開始分裂成大量的、不同版本的你。如果這些版本都不是「你」——不擁有你的身分——我們怎麼可以拿無數次分裂之前別人犯的罪來責怪他們？

你被逮捕的時候，可以合理主張自己不再是當初犯罪的那個人。「你抓錯人了！我的意思是，昨晚確實有一個舊版的我闖進動物園騎駱馬，但那個人不是現在的我——我已經在無數次影響生命軌跡的量子事件之後分裂成不一樣的我了。所以請放我走吧，我真的很需要洗個澡。基於跟警方調查毫不相關的原因，我現在身上散發駱馬的臭味。」

這就是選項一的問題：如果我們隨著每次量子分裂變成不一樣的人，實在很難要求任何人為他們過去的行為負責，因為分裂之後他們不再是原來的自己。我們需要一種方法證明新版的自己必須為舊版的行為負責。

那麼選項二呢？如果分裂前後的你是同一個人，會是什麼情況？

很可惜，這會造成另一個問題。假設原版的你、「偷雞的你」跟「喝茶的你」是同一個人，這表示偷雞跟喝茶版本的你，必定也是同一個人！

果真如此，「喝茶的你」就應該為「偷雞的你」的盜竊行為負責，雖然這個版本的你毫無偷竊的記憶。

更糟糕的是：艾弗雷特的多重宇宙說，此刻有其他版本的你正在做你實際上也做得到的事，包括許多遠比偷雞更加嚴重的罪行。例如製作那種噁心的牙膏廣告：用過度數位化的牙刷刷毛掃除電腦繪製的 3D 牙垢。

但是你完全不記得自己做過什麼令人髮指的事——你只是無辜的善良市民，而且閱讀品味高雅，喜歡看熱門科普書籍。你應該得到的是勳章，而不是去坐牢！但如果我們決定你與其他時間線的邪惡版本擁有相同身分，就很難主張你不應<u>既得到獎賞又接受懲罰</u>。

看來選項二也不是那麼周全：它意味著只要是你有能力做到的事都該由你負責，包括最壞與最瘋狂的事，但我們沒有那麼多的牢房，也沒有那麼多鴕鳥賽跑的季軍獎牌能發給平行宇宙裡的每一個你。

這使我們陷入一個貨真價實、如假包換的困境。那麼……有辦法解決嗎？

這也不是法律建議

幸運的是，我們或許可以擺脫這團混亂，這都要感謝一位世界知名的哲學家，他留著一把與餐桌小掃把如出一轍的鬍子*。

他叫做大衛・路易士（David Lewis），以下是他的見解。

---

* 感謝Reddit用戶Roblo_Escobar，他在將近十年前的某個討論串裡，用「餐桌小掃把」（crumb-duster）精準描述「大衛・路易士風格」的鬍子。

我們經歷的生命,是由個別的瞬間串接起來的。每一個瞬間,我們都覺得自己是個完整的人。因此我們會認為一個人和一個人的身分,在任何一瞬間裡都是完整的存在。

但也許情況並非如此。也許「人」存在於連續的時間裡,而不是某個特定的瞬間。

當我提到「伊隆‧馬斯克」的時候,我指的不是「存在於一九九五年一月二十一日美東時間十一點的特斯拉汽車公司創辦人」。我指的是一個在許多不同的時間,做了許多不同事情的人。我之所以可以說「伊隆‧馬斯克創立特斯拉」和「後來伊隆‧馬斯克發了一則推特,估測特斯拉超級工廠(Tesla Gigafactory)一次能容納幾隻倉鼠*」這樣的話,就意味著伊隆‧馬斯克的身分是一種持續的存在,並非僅存在於特定的瞬間。

若這是成立的,我們之前的偷雞與喝茶情境就都想錯了。

分裂之前原版的你和分裂之後的兩個版本,既非相同亦非不同。他們是部分的你:「分裂之前的你」與「偷雞的你」都只是某個完整個體的一小塊,這個完整個體的真實身分是有持續性的。

---

* 答案當然是五百億隻,不過細心的朋友會發現他沒有表明到底是非洲倉鼠還是歐洲倉鼠。

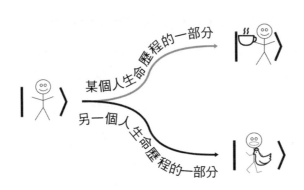

　　那麼，這個身分會持續多久呢？從卵子受精到你死去的每一次分裂，你的身分都維持不變嗎？還是說有一個時間範圍，跨出這個範圍，我們就能明確將你視為與過去不一樣的人？

　　這個問題很難回答，我不會指望一本量子力學科普書的作者提供什麼好答案——尤其是人類在經過長達幾個世紀的哲學思辨之後仍未達成共識。但我敢說，你大概比你以為的更常表達你對這個問題的直覺看法。每次你說出類似「我不是那個闖進動物園騎駱馬的我」這種話的時候，都是在暗示你比較不認同你是過去和未來的自己，比較認同現在的自己。同理，當你決定把髒碗盤留給「未來的你」洗，隱藏的意思是你對當下的自己比較有同理心，而不是那個刷洗碗盤的未來的你。

　　許多法律制度利用這種直覺設定追訴時效。追訴時效是

犯下罪行之後，針對罪行提起訴訟的期限。追訴時效背後的部分概念是只要經過的時間夠久，犯罪者與罪行之間的道德相關性會變得比較薄弱，因為身為一個人，他們可能已經有所改變。（平心而論，這個解釋並不完整。追訴時效的主要意義是防止有人在相關證據腐壞之後仍可被起訴。）

也就是說，一個人的身分是有時間範圍的。這個範圍可以是從出生到死去，也可以是從你決定要給現代藝術一個機會，到你發現其實現代藝術只是一群人裝模作樣地說長方形色塊很有魅力。無論如何，答案都會包括大量的量子分裂和隨之而來的後果，而且它們全都息息相關。根據大衛・路易士的理論，人是一串特定分裂的產物，只存在於一條多重宇宙支線裡——只有一段生命歷程。

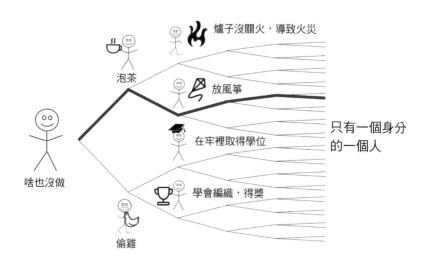

爐子沒關火，導致火災

泡茶

放風箏

在牢裡取得學位

只有一個身分的一個人

啥也沒做

學會編織，得獎

偷雞

他的觀點或許真能解決前面討論的法律身分問題。假設你偷了一隻雞，在那之後你立刻撞上電子與其他量子物質，一如往常分裂成無數個平行版本的你。

無論這些新版的你最後剩下幾個，每一個你的生命歷程都會包含偷雞的那一刻。所以討論「偷雞有罪版的你」與「沒有偷雞版的你」是有意義的。喝茶版的你可以鬆一口氣，放心喝茶：他們的身分與偷雞重罪無關，不會受到任何懲罰。

我們對於量子力學身分的認識仍處於萌芽階段。這個身分的解方雖然可以填補法律理論裡的幾個漏洞，但我們也可能會發現它有不盡理想之處。

更宏觀的問題依然存在：目前我們的法律制度缺乏一種身分理論，既能讓我們放心地持續應用，又無須放棄我們對「人」的本質與誰應該為怎樣的行為負責的基本直覺。

如果艾弗雷特的理論可以成立，這種情況將徹底改變。而且，這不會是唯一的改變。

不會吧，又是自由意志？

你或許還記得，很多哲學家將自由意志定義為「做其他選擇的能力」。他們認為如果在我們居住的宇宙裡，人類在做出最終選擇之前擁有做不同選擇的能力，就表示這是一個

有自由意志的世界。

　　法官、律師、在電視劇裡扮演法官和律師的人，應該都巴不得活在這樣的世界裡。前面提過，法律制度需要自由意志，這樣懲罰斧頭殺手、偷雞賊，和膽敢違反加拿大帶駱馬進入國家公園禁令的人才有正當性。如果艾弗雷特的理論說自由意志不可能存在，我們會面臨的情況是：量子力學的幾種主要觀點都會削弱法律結構的正當性。這很不妙。

　　因此「做其他選擇的能力」是物理學理論的重要特徵。但是有個問題：「做其他選擇的能力」等於「不做某件事的能力」或是「除了這件事，也能做其他事的能力」嗎？

　　這幾種能力看似不同，但是在艾弗雷特的多重宇宙裡，它們是一樣的。

　　一方面，你可以——也確實——在不同的宇宙支線裡做出其他選擇。這或許會使你對自由意志又有機會再次擠進物理學殿堂感到樂觀。

　　但無論你多麼努力，某個版本的你一定會偷雞。某個版本的你一定會闖進動物園騎駱馬。你無法選擇不做這些事情；它們無論如何一定會發生。只是你不知道你會碰巧存在於你是偷雞賊、騎駱馬的入侵者，還是正直好公民的宇宙。你會住在哪一條宇宙支線裡由不得你——這是發生在你身上的事。

這正是問題所在：我們覺得自己屬於我們身處的宇宙支線。我們甚至記得自己做了哪些選擇才來到這裡。可是，這些選擇來自我們沒有能力左右的量子事件。我們或許感覺自己是這些事件的主宰——甚至會對好的事件感到自豪，對壞的事件感到羞愧——但這些感覺都是大腦演化出來自圓其說的故事，目的是賦予我們生存所需的主體感（sense of agency）。

實際上，我們的意識彷彿是空降進入浩瀚多重宇宙的某一條支線，並非出自我們的主動要求，這條支線的未來也不由我們塑造。我們只是碰巧搭上順風車，而且因為某個美好的奇蹟，我們能夠有意識地感受到形狀、聲音、氣味與景象。儘管如此，自由意志本身仍是幻覺。

不同於「就是會發生」塌縮，艾弗雷特的理論明確表示：自由意志不存在。如果他的理論成立，這表示人類社會真的建立在流沙之上：我們無法確定必須起訴的罪犯到底是誰，即使可以確定，也會發現他們不具有自由意志，因此懲罰他們欠缺正當性。

這些問題當然不是無法可解。前面提過的大衛・路易士的身分理論以及結果論的法律哲學，都有助於解決這些問題。但無論選擇哪一種解方，都必須對現行的法律傳統進行重大改革，法律學者也需要進行比現在更縝密的討論。

不過呢，別以為這一章只有壞消息！很多人都以為艾弗雷特的理論帶來一個既古怪又好玩的問題，其實不然。我們已經把他的理論如何瓦解現有法理的各種角度討論得差不多了，但有一種角度不會瓦解法理，請繼續往下看。

曼德拉效應

幾年前我發了一篇部落格文章，討論艾弗雷特對量子力學的詮釋。令我驚訝的是，這篇文章流量很高。這當然很棒，我的推特也被私訊塞爆，好多人說他們相信自己曾見過來自平行宇宙的訪客，或是他們自己曾經去過其他宇宙。能被當成多重宇宙瞬移專家，我有種受寵若驚的感覺，但我很快就發現我不小心闖進由南非前總統納爾遜・曼德拉（Nelson Mandela）引發的風暴中心。

你大概知道曼德拉是反對南非種族隔離的知名政治人物。一九六二年，他被捕入獄。他從一九九四到一九九九年（在我們的宇宙支線）擔任南非總統，二〇一三年過世，享壽九十五歲。

但有些人的記憶與事實有出入。曼德拉過世後，網路言論隨之沸騰，很多人都說自己清楚記得聽聞過曼德拉一九八〇年代死於獄中。

顯而易見的是（而且維基百科也這麼說），對「史實」有意見的不僅僅是這群人。

　　有人相信以暢銷系列童書改編的卡通棕熊家族 Berenstain Bears（貝倫斯坦熊）原本的拼法是 Berenstein Bears。同樣地，有人相信英國知名洋芋片品牌沃克斯（Walkers Crisps）在一九八〇與九〇年代的某個時間點，對調了乳酪洋蔥和鹽醋口味的包裝顏色。這兩件事都不是事實。

　　這種現象的例子還有很多——後來被稱為曼德拉效應——都是一大群人宣稱自己看到或聽到與我們的時間線有出入的事件。

　　很快就有人想到這與艾弗雷特的多重宇宙有關。「在一個人口將近八十億的世界裡，」他們說，「不可能有那麼多人同時記錯一個沒那麼重要的歷史細節，例如卡通棕熊的名字，或是洋芋片包裝的顏色。」而在網路論壇與社群媒體的年代，這些虛假記憶被放大也不可能只是因為陰謀論很有趣。

　　「不是這樣的，」他們說，「這些記憶肯定都是正確的，擁有這些記憶的人來自多重宇宙的其他支線，在那些支線裡，Berenstain 的拼法是 Berenstein，洋芋片的包裝不是藍色而是綠色，曼德拉沒有活著看到《黑道家族》（*The*

Sopranos）第一季的播出。」

這意味著人類偶爾會在宇宙支線之間大量瞬移，果真如此，後果不堪設想——許多問題對法律哲學造成的衝擊，將不亞於前面討論過的自由意志和身分問題。如果我在別的宇宙裡被加密貨幣騙局詐騙了一萬美元，我可以跑到這個宇宙來告那些騙子嗎？如果證人所陳述的目擊事件有可能發生在另一個宇宙裡，他們的證詞可靠嗎？

這也會造成與法律無關的問題，例如你的室友發現只要假裝自己在另一個宇宙已經幫你打掃整整一週，就可以不用洗碗。

幸運的是，儘管艾弗雷特的多重宇宙很瘋狂，也無法用「支線之間的瞬移」來解釋曼德拉效應。

穿梭多重宇宙

在多重宇宙的支線之間來回穿梭是有可能的⋯⋯吧。

只是，這種穿梭和多數人想像的不一樣。這是因為多重宇宙的支線不是真正可以造訪的地方；它們只是物質在宇宙裡各種可能的排列方式。

如果支線變得毫無二致，也有可能「融合」在一起，連每一個原子的位置和每一個電子的旋轉方向都一模一樣。舉

例來說，假設有兩條支線幾乎完全相同，僅有的差異是其中一條支線的某個電子稍微偏右，另一條支線的某個電子稍微偏左。若「偏右」支線裡的那個電子恰好移動到左邊，位置與「偏左」支線裡的那個電子重疊，那麼這兩條支線在本質上即已融合為一（前提是其他部分也完全相同）。

但是當大家討論「探索多重宇宙的其他支線」時，腦海中浮現的不是一個電子稍微偏左或偏右有多麼令人興奮。他們腦中想像的是造訪一個某件有趣的事情和我們的宇宙不一樣的地方——例如卡通棕熊名字的拼法，或是洋芋片包裝的顏色。

一模一樣的宇宙支線融合在一起相當常見，可是一旦兩條支線之間出現一丁點兒差異，就幾乎永遠不會再次融合或是有交集。我們可以希望一個原子突然改變旋轉方向，或是被推到與平行支線的對應原子同樣的位置上，但是希望兩、三個原子都這麼做就太天真了——更別說製作一袋鹽醋口味洋芋片的包裝袋，牽涉到的原子數以兆計。

這就是問題所在：為了讓我們的宇宙與那個沃克斯鹽醋洋芋片包裝是藍色而非綠色的宇宙融合在一起，為每一個包裝袋染色的分子都必須碰巧自動重新排列。就算用最先進的超級電腦也算不出發生這種巧合的機率，但應該可以肯定的是，這個機率低於我被閃電擊中三次後非但沒死，還（以加

拿大公民的身分）宣示成為美國總統，然後連贏一百次樂透。

「我的意思不是沃克斯洋芋片的包裝袋全部碰巧對調顏色呀，」曼德拉效應的專家說，「我的意思是我們被瞬移到另一條支線——移動的是我們，不是愚蠢的洋芋片包裝袋的分子！」

為了研究這種可能性，我們得先思考幾個問題。多重宇宙的支線是什麼？你會如何描述它？你會如何描述你此刻身處的支線？

其中一種方法是觀察四周，描述眼中所見（「這裡有一個星系，那裡有一個星系，這裡有一顆恆星，那裡有一個咖啡杯，以此類推。」）但是最透徹、最完整的描述方式，是把宇宙裡的每一個粒子都列出來，並且解釋它們在做什麼（「原子一號的位置是 X，旋轉方向是 Y，飛行速度是 Z；原子二號的位置是 A，旋轉方向是 B，飛行速度是 C；以此類推」）。

另一條支線或許也有相同的粒子，只是大家做的事情不一樣。因此，把一個人從這條支線移動到另一條支線是不可能的：在這個宇宙裡形成這個人的原子，早已存在於另一個宇宙裡，差別只是原子做的事情不一樣！

基本上，多重宇宙的一條支線就是一張物質清單，不是一個你可以「瞬移」過去或造訪的地點。「瞬移」到另一條

支線只有一種可能，那就是你的原子自動重新排列成不同的結構——符合你「瞬移」目的地支線的結構。你想前往的支線與原本的差異愈大，你需要原子重新排列的巧合次數就愈多。要滿足Reddit曼德拉效應版的鄉民心中所想，需要重新排列的粒子數量絕對多到超乎想像，因此平行宇宙影響他們視覺記憶的機率實際上等於零。

　　同樣的邏輯也適用於把Berenstain Bears拼成Berenstein Bears的宇宙，牽涉到無數的書籍、T恤、兒童餐玩具、布偶。喔，太好了，現在谷歌以為我只有五歲。

　　說了這麼多，不是為了否定曼德拉效應的存在。有數以千萬計的人對從未發生過的事有記憶。但關於這些記憶從何而來，與其歸因於宇宙規模的物理學陰謀論，不如求助於心理學更有機會找到答案。

　　除非，這個陰謀論我也有份……

回歸「正常」

　　平行時間線、外星生物、量子永生、無法確定的身分、不可能存在的自由意志。這些是這個理論帶來的想法。幸好我們不用擔心曼德拉有沒有機會當總統，也不用擔心英國的洋芋片包裝有沒有換顏色，但我想我們都同意艾弗雷特的理

論是目前各大門派中比較奇怪的一個。

這並不代表其他的理論不奇怪。

波耳最初用來解釋殭屍貓的理論假設，我們觀察貓的時候會發生神奇的塌縮，把某些版本的貓拉進現實裡。他的理論把宇宙一分為二——不遵循量子力學定律的「大東西」世界，和遵循量子力學定律的「小東西」世界——但沒有解釋為什麼宇宙會一分為二，也沒有解釋這兩個世界的界線在哪裡。

亟欲解釋宇宙為何一分為二的馮・諾伊曼試著把意識塞進來。但哥斯瓦米認為馮・諾伊曼太過保守，所以他火力全開提出了宇宙意識、潛在世界、以生命和主觀經驗為基礎的宇宙史。

「就是會發生」理論認為塌縮是無法解釋的。哥斯瓦米試著把塌縮納入一個更宏觀的概念，這個概念將來或許有機會驗證；而「就是會發生」理論則是告訴我們塌縮的發生沒有理由，一點線索也沒留給我們。如同艾弗雷特的理論，「就是會發生」也想把自由意志扔進科學史的焚化爐裡。

看到這裡如果你感到有點沮喪，我完全能理解。難道我們就是找不到一種正常的角度來思考宇宙嗎？一個與平行世界、神奇塌縮、超意識沒有關係的角度。

如果這是你的想法，恭喜你。有個頂著一頭亂髮的前專

利局職員執著於尋找思考量子力學的正常角度，並將此視為自己的畢生餘願，你應該聽過他的名字。他叫做阿爾伯特·愛因斯坦，他想用一種更「正常」的理論取代量子異象，直到他去世的那一天，他都沒有停止尋找答案。但這個答案有個附加條件。

待會兒就知道，「正常」搞不好才是最奇怪的東西。

第9章
隱變量與物理學的困境

　　一九〇〇年代之前似乎有個不成文規定，那就是科學進步意味著實現兩個目標。

　　第一，能讓我們做出更準確的預測、製作更酷的東西。這個目標已經完成得差不多：雖然現在還沒有會飛的汽車與放射性壁爐*，但我們已經做出可重複使用的火箭、mRNA疫苗，以及很多貓咪影片。

　　第二，能對現實世界進行更明確、更詳細的描述。這不難理解，因為到了二十世紀末左右，科學的每一個主要分支都遵循這樣的模式。

　　生物學從不知道物種是靜止不變還是會隨著時間變化（一七〇〇年代中期），到相當確定演化的存在（一八七〇年

---

* 放射性壁爐是一九〇〇年巴黎世界博覽會對西元二〇〇〇年的未來預測之一。節省暖氣費用的錢，剛好可以用來看病。

代），再到認識遺傳物質傳播的部分數學原理（一九〇五年）。

化學從不知道原子的存在（一七〇〇年代），到相當確定原子的存在（一八〇〇年代初），到認識重量不同的原子擁有不同的化學特性（一八七〇年代），到發現原子是由包括電子在內更小的物質組成（一八九〇年代），再到發現電子繞行原子核（一九〇四年）。

愈來愈精細、明確、有自信。這感覺肯定很像眼前的世界終於逐漸清晰。我們藉由理論在小數點後多算出幾位數增加精準度，現實世界的情況也變得更加具體。這是一個完全可以預測的宇宙——粒子一次只存在於一個地方，亂糟糟的八字鬍可以讓你的智商加十。

如果我生活在一九〇五年，要我預測未來會發生什麼事的話，我大概會猜「變化不大，但希望咳嗽藥裡的海洛因含量少一點」。但這件事並沒有發生。雖然量子革命確實提升了科學預測的準確度，讓人類做出更酷的東西，卻也讓我們對現實世界的結構變得更加困惑，而不是更有把握。

突然之間，我們面前跑出一大堆互斥的想法，而且我們想得到的實驗也都支持這些想法。有些想法在物理定律中幫意識找到一個特殊的容身之處，有些則是納入奇怪的超光速效應。

最糟糕的是，當時流行的許多新的量子理論都包含隨機

性。令人作嘔的隨機性把每一次計算變成華而不實的拋硬幣，而且這討厭的隨機性怎麼搓洗也擺脫不掉。

波耳的理論是其中最糟糕的一個。除了有強迫電子進入單一狀態的隨機塌縮，還有比光速更快的瞬間效應。比如前面看過的殭屍貓實驗，打開盒子觀察貓會讓貓和槍立即塌縮，即便槍遠在幾光年之外的另一個行星上也不成問題。

與親表姊結婚的二十世紀物理學巨擘愛因斯坦對這種詮釋深惡痛絕。隨機性令他反感，他不願意接受隨機性。「正常。我們必須回歸正常，」他大概一邊這樣喃喃自語，一邊用氣球摩擦頭髮，我猜他應該是誤把氣球當成梳子。

看到這裡，如果讀者高聲吶喊：「等一下，愛因斯坦說的『正常』是什麼意思？他憑什麼判斷何謂『正常』？他為什麼認為隨機性是一件壞事？他放了一堆屁，說到底不也是審美偏好嗎？」我完全理解你的感受。

你說得都對。但事實是醜陋的：目前為止，我們討論過的每一個量子力學理論，背後的主要動力都來自審美偏好。從哥斯瓦米的宇宙意識到艾弗雷特的多重宇宙，無一例外。沒有可靠的數據證明哪個理論是對的，哪個理論是錯的，他們都是把一個理論「美不美」做為正確與否的指標。但是美醜很主觀：這位物理學家眼中優雅的多重宇宙，在那位物理學家眼中是噁心的醜八怪。

有些人認為平行宇宙理論比自動塌縮美麗，有些人不這麼認為。有些人不反對波耳理論裡的超光速效應與隨機性，但也有人無法接受，設法建立全新的理論。

從以前到現在，典型的量子力學爭論其實只是一群物理學家叫喊出各自的審美偏好，彷彿這些偏好就像實驗數據一樣可靠、重要。他們的叫囂與不滿裡裝滿科學詞彙，但本質上只是在說：「我的理論比你的理論更美，你連這都看不出來，簡直是廢物！」

多數物理學家對自己偏愛的理論信心十足，但能夠支持這種信心的數據卻少得可憐：至今依然沒人成功設計或進行一個可以斷定哪一種量子力學理論成立的實驗。但如果你知道自己沒有錯，數據又有何用呢？

在我們取得更多數據之前，量子力學充其量只是羅夏克墨跡測驗（Rorschach test）。物理學家選擇一種觀察現實世界的方式，宣稱這是唯一合理的方式，並大聲質疑怎麼會有人認真看待其他理論（這很常發生），其實他們想表達的是自己的審美偏好，而不是科學論據。

這就是現代物理學了不起的見解：審美觀可取代實證，只有特定的少數人可以決定哪一種審美觀「很美」，哪一種審美觀「很噁」。

讓我們回到愛因斯坦，一個頭髮毛躁、鬍子炸開、愛在

白天睡覺的人。聽說他會撿路邊的菸頭，挖出裡面剩下的菸草塞進菸斗裡，滿足自己嗜菸如命的習慣。仰賴這樣的人的審美直覺來理解當代最重要的物理學理論，真是好棒棒。（平衡報導：艾弗雷特是體重超重的老菸槍，哥斯瓦米不管去哪裡都戴著一頂過季的漁夫帽。）

才剛剛徹底改革重力理論的愛因斯坦決定在量子力學再次大顯身手，希望能把隨機性與超光速踢出宇宙觀。

於是他拿起氣球梳了梳頭髮，開始研究新理論：一條幾乎顛覆物理學的死胡同。

深入挖掘

愛因斯坦知道表面上的隨機有時候並非真正的隨機，而是因為我們只看見全貌的一小部分。

例如我的名字理論上應該拼為 Jérémie，但是我的家鄉渥太華的星巴克店員大多強烈反對這種拼法。當我伸手去拿要價二十元加幣的肉桂甜那堤時（寫作很花錢，請勿盜版這本書），隔熱杯套上寫的通常是 Jeremy。我知道你想說什麼，活著不容易呀。

有時候他們會把我的名字寫對，但是這完全碰運氣，無法預測。或者該說，似乎是這樣。

其實我一聽店員的口音，就能判斷他們的母語是不是法語。如果是，我的名字應該會以法式拼法寫在杯子上。因此單憑店員的口音這個變量，就能讓我預測其他情況下無法預測的結果。

但我不是每次都能聽到店員的口音——有時候距離太遠、聽不清楚，偷偷靠近去偷聽他們說話很變態。碰到這種情況，我無法取得「口音變量」，所以我的預測一〇一招就失靈了。這時我的名字能否拼對似乎又變成隨機的——不是因為它真的隨機，而是因為我看不到控制它的變量。

愛因斯坦認為，量子粒子和我的咖啡杯一樣：行為看似隨機，但這種隨機性是錯覺。實際上，量子粒子的行為早已決定，只是我們看不見控制它的隱變量，因為這些隱變量無法取得。

在愛因斯坦的理論中，電子不會同時順時針和逆時針旋轉，等到被觀察的時候才隨機塌縮成其中一個方向。相反地，電子只朝一個方向旋轉——但決定旋轉方向的變量我們看不到。

這些「隱變量」會徹底改寫物理學的結局。我們會發現一層全新的現實世界，而且在那之後，完美的可預測性將再度回歸。如同牛頓的發條宇宙，隱變量理論的宇宙是百分之百的決定論宇宙。物理學會因此變得更加強大：我們曾經以

為深植於量子力學的不確定性，將從預測裡銷聲匿跡。想像一下你用這個故事能得到多少研究經費！

但是愛因斯坦很貪心。他想要的不只是一個可預測的隱變量理論，他還想要一個不允許超光速效應存在的理論。

愛因斯坦當時不知道，在他死後多年，愛爾蘭有個叫約翰・貝爾（John Bell）的著名物理學家證明了愛因斯坦的心願不可能實現。基於牽涉到數學方程式與希臘字母的原因，他發現隱變量理論若要成立，就不可能排除愛因斯坦極度厭惡的超光速。可憐的愛因斯坦，他的理論從一開始就注定要失敗。

為什麼愛因斯坦對「世上沒有超光速這種東西」如此執著呢？答案聽起來很像跳針的唱片：審美觀。沒有根本性的理由能解釋超光速效應為什麼不該出現在量子理論中，例如波耳的理論＊。愛因斯坦只是單純不喜歡超光速效應而已。

連愛因斯坦這種諾貝爾獎得主、相對論的發明者、光子的發現者也會迷失在自己的審美偏好裡，把職業生涯的最後幾年用來推動一個注定要失敗的理論。改編《星艦迷航》裡的一句名言：「審美觀與一個空袋子放在一起，有價值的是

＊ 老實說，如果資訊的傳播速度超過光速，問題可不小。例如違背因果關係，也就是原因可能比結果更晚出現，以及其他在物理學上幾乎不可能發生的滑稽現象。不過波耳與玻姆理論中的超光速效應不能用來傳遞資訊。

空袋子，審美觀一文不值。」

　　幸好其他物理學家不像愛因斯坦那麼挑剔。有一位物理學家願意接受超光速的存在，並決定繼續研究隱變量理論。

　　不過有個小問題。他是個左派共產主義渾蛋。

左派共產主義物理學

　　現在非常聰明的人流行一邊推鼻樑上一九五〇年代的復古眼鏡，一邊說些高深莫測的話，例如：「西方科學有很多盲點，因為它是西方社會的產物。」（不過他們會用更厲害的詞彙形容「社會」，例如「文化場域」，或是其他摻雜法語的詞彙，這樣當他們用誇張的發音說出這些詞彙時，你才知道他們真的非常、非常聰明。）

　　這些聰明人的想法不無道理。大衛・玻姆（David Bohm）——二十世紀最具影響力的物理學家之一——將得到慘痛教訓。

　　玻姆已經想出一種或許可行的方法來建立隱變量理論，只是一直沒有機會成功。部分原因是波耳的哥本哈根學派已經牢牢把持量子力學，以至於多數人沒有意識到量子世界需要一種新思維。對哥本哈根學派來說，波耳已經釐清一切，不用繼續深究。

但玻姆的理論也因為政治因素而漸漸被人遺忘。

當時玻姆是共產主義者，不幸的是，一九五〇年代的政客與機構領導人集體陷入反共偏執，同情共產主義或社會主義的人都有可能面臨叛國指控並遭到排擠。

參加共產黨的會議？共匪。紅色是你最喜歡的顏色？共匪。認為室友應該公平分擔煮飯義務？共匪。五〇年代就是這麼單純。玻姆不太走運，他有很多共匪的特徵：他積極參加共青團與其他共產主義和工會組織的活動。所以他和許多人一樣，成了紅色恐慌（Red Scare）的受害者。

一九四三年，他因為沒有通過安全審核，無法加入曼哈頓計畫（Manhattan Project），這是美國開發核武的極機密計畫；一九五〇年，他因為拒絕回答調查共產黨活動的國會委員會提出的問題而遭到逮捕；一九五一年他背負的指控被撤銷，但此時他已失去普林斯頓大學的教職，並決定離開美國、前往巴西。他一到巴西，美國領事館就沒收了他的護照，還告訴他只有回美國才能取回護照。這些事阻礙了他的科學事業、他與歐洲同事合作的計畫，也削弱他推動量子力學新觀點的能力。

悲傷的是，玻姆渴望為量子力學帶來更好的詮釋，也確實是那個時代的頂尖科學家之一。他甚至曾與愛因斯坦合作，國會調查後他的事業陷入困境，愛因斯坦還試著幫他介

紹一份英格蘭研究機構的工作。如果他當時留在美國，他就有機會與許多傑出的物理學家直接聯繫，或許能對量子力學做出巨大貢獻。

玻姆的經驗給我們的啟示是在科學共識形成的過程中，國家政治扮演的角色可能不亞於學術政治。當然，白宮裡不會有人會叼著雪茄說：「玻姆是萬惡共匪，我們不能讓他的量子力學理論得到認可。」這種事，他們無須開口。玻姆的理論只是連帶損害——在更重要的地緣政治與意識型態之爭裡，這不過是個小小插曲。

但審美偏好也是重要因素。西方物理學家之所以不太關注玻姆的理論，其中一個主因是他們認為有波耳的塌縮理論就已足夠。觀察者神奇地讓量子物體塌縮，這種想法沒有醜陋到令他們想要尋找一個新的理論。

於是，這兩個與科學無關的因素——國家政治與審美偏好——真正扼殺了玻姆的理論。長達幾十年，科學在一條充滿希望的研究道路上迷失了方向，圍繞著未經科學證實比玻姆的想法更好的共識團團轉。

我個人並不贊同玻姆的理論，但重點不是他的理論是否正確。在當時的人眼中，玻姆有機會成為下一個伽利略，他的理論也有可能成為世紀重大突破。

用說的當然很簡單，並不是每一個提出爭議觀點的研究

界明日之星都會成為伽利略。但他們不用成為伽利略：一個偉大的科學想法勝過一百個糟糕的科學想法，而偉大的科學想法在定義上本就是顛覆正統。也因為顛覆正統，所以容易遭到科學界與政治界的反對，大家都想要握緊權力，保有舉足輕重的地位。這種情況很常見：像玻姆這樣的人還沒得到公平的展現機會，就已被關在門外。

大家都想這麼做，這是人之常情，但我們應該對這股衝動的後果戒慎恐懼。比一個會以非官方手段打擊科學想法的制度更糟糕的東西只有一樣，那就是為了維護這種制度而建立的制度。

我們已經看到美國的物理學家如何大規模（私下）排斥玻姆的理論，部分的原因是他與共產黨的關聯。但接下來我們會看到這個理論的<u>起源</u>更加有意思：一個試圖告訴科學家，他們可以與不可以<u>正式</u>認可哪些理論的制度。

去菁存蕪

你或許知道列寧（Vladimir Lenin）是性格樂天的馬克思主義革命家，推翻俄國最後一位沙皇，建立世上第一個共產國家蘇聯——立國不久後，蘇聯藉由飢荒、謀殺與勞役奪走數千萬條人民的性命。

但列寧也有缺點。

說到物理學和哲學，他可是頑固分子。他的觀點看起來既沒有錯也不愚蠢，但是他過度相信科學哲學的態度像個喝醉酒的男大生，以為自己能在無限格鬥賽裡打贏拳王阿里（Muhammad Ali）。

列寧深信意識是大腦具體活動的產物，無論有沒有觀察者，現實永遠存在。他希望大家都知道：一九〇八年他在鼓吹武裝搶劫郵局、火車、銀行的同時，他還抽了點時間寫了一本長達四百頁的鉅著，書名叫《唯物主義和經驗批判主義》（*Materialism and Empirio-Criticism*），他在書中闡述他對物理學的看法。

俄國的馬克思主義者非常欣賞列寧與他的這本四百頁鉅著，他很快就變成殺人不眨眼的革命領袖兼偽宗教偶像。他的物理學和哲學文章成為蘇聯的權威經典，在他過世後依然備受推崇，絕對不是邪教徒的蘇聯民眾將他的遺體進行栩栩如生的防腐處理後，送進墓室。

列寧死後，權力落入史達林（Joseph Stalin）手中，史達林長得很像人見人愛的前伊拉克總統海珊（Saddam Hussein）。在史達林的恐怖統治期間，蘇聯哲學家著手干預國民生活的方方面面，包括物理學。雖然列寧已經躺在水晶棺裡，但他的理論將持續影響科學與文化。

共產－列寧主義哲學家普遍認為，下流、邪惡的資本主義使西方科學產生偏見，不值得信任：只有在社會主義的環境裡，他們才能發現宇宙最深層的祕密，進而回答根本性的科學問題，例如網路上流傳的那件洋裝是藍色還金色。因此，他們認為他們需要不受墮落的資本主義汙染的新科學。

他們確實建立了一門新科學叫「社會主義科學」，主要目的是以符合列寧觀點的方式重新詮釋科學觀察結果。碰到尷尬的事實——太難扭曲成適合列寧的模樣——就直接無視或否定。社會主義科學將變成蘇聯體制下關鍵的意識形態支柱。

除此之外，蘇聯哲學家堅稱社會主義科學必須描述一個與觀察者無關的世界。列寧教派說得很清楚：波耳的觀察者－塌縮瞎扯已遭淘汰，膽敢說出不同意見或甚至只是想法不同的人就是西方資本主義的尿床走狗。

為了確保科學進步，蘇聯做了他們唯一能做的事：規定持有「錯誤」觀點是違法行為。一九四七年，波耳的量子力學理論在蘇聯被正式列為違法思想。

你沒看錯：蘇聯政權（可以說是正確地）認為西方科學存有偏見，他們做出的回應不是降低自身的科學偏見，而是反過來將偏見放大到極致。他們透過演說譴責波耳的邪惡思想，相信波耳的科學家更因此遭受迫害——甚至連認為波耳

的部分想法或許可行也有罪。西方國家對有爭議的理論私下百般阻撓，蘇聯則祭出正式的國家禁令。

在這個時代背景下，大衛・玻姆加入了西方共產科學家的國際社群，試圖找到一種方法重塑量子力學，使其更加符合馬克思主義。所以玻姆的理論會有如下的發展並非巧合：一個客觀存在的量子世界，沒有隨機性，滿足優雅的馬克思主義審美觀（哈囉，又看到這個詞了）。

但玻姆的列寧主義理論並未得到蘇聯官員和科學家的廣泛接受，許多人認為基於各種幽微的原因，他的理論<u>不夠列寧</u>。他們把列寧文章裡與玻姆理論的審美觀衝突的段落拿出來，說他的理論根本就是有欠考慮的科學。

以他們的立場來說，會出現這種批評很正常：玻姆雖然同情共產主義，但他深受西方邪惡帝國資本主義文化的影響，大家都知道真正的社會主義科學不會來自起司漢堡和淋上培根乳酪醬的薯條只要二・四〇美元的地方。

這個令這麼多蘇聯與西方物理學家驚嘆不已的新奇理論到底是什麼呢？它真的能為波耳、哥斯瓦米、艾弗雷特的量子異象提供一個「正常」的替代方案嗎？你真的能在In-N-Out的指定分店買到二・四〇美元、售完為止的漢堡加薯條套餐嗎？

第10章
玻姆力學

如果你問路人，他們覺得量子力學最奇怪的地方是什麼，他們會說：「滾開，變態——你是誰啊？孩子們，快上車！」之類的答案。

要是對方剛好有心情跟你閒聊，也曾經看過相關書籍，他們大概會同意量子力學最奇怪的地方是暗示粒子可以同時存在於多處。

假設時間回到一九五〇年，你是個超聰明的理論物理學家並決心要讓量子力學不那麼奇怪，你或許會嘗試建立一個粒子無論何時都只能存在於一處的理論。

想達成這個目標並不容易。有實驗明確顯示粒子可以同時存在於多處。不過你還算幸運，雖然你必須解釋實驗結果，但這些實驗大部分都以一個相當單純的實驗為基礎：楊氏雙狹縫實驗。只要你的新理論能解釋雙狹縫實驗，那就勝券在握了。

搞不好你還有機會拿一、兩個諾貝爾獎，可以拿去買你一直想要的那件二五〇美元的切‧格瓦拉 T 恤。

玻姆也是這麼想的。他打算擺脫粒子可以同時存在於多處的想法，展開顛覆量子物理學的使命。那麼，玻姆的理論是什麼？他如何解釋雙狹縫實驗呢？

如果這本書的作者是玻姆，他應該會這麼寫。

玻姆：讓我們來聊聊雙狹縫實驗。光束射向兩道狹縫。部分的光穿透狹縫，落在距離不遠的一塊觀測屏上。很耳熟，對吧？

你：對啊，我看過第一章，不過時間隔得有點久，很高興傑瑞米用這種牽強的手法提醒我雙狹縫實驗的內容，這樣我就不用回頭翻找。

玻姆：是啊，他很棒。總之，你大概還記得雙狹縫實驗裡，若擋住一道狹縫，會在觀測屏上看到沒擋住的那道狹縫透過來的光，如同你所預期：

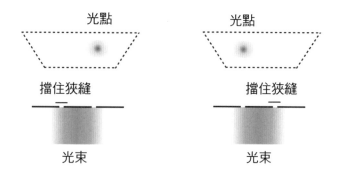

兩道狹縫都打開時，不會看到兩個光點一左右各一個——而是奇怪的干涉圖樣：

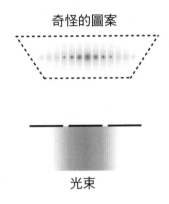

這種現象唯一的解釋是穿過兩道狹縫的光產生交互作用，以某種複雜的方式混合，進而產生干涉圖樣。

你或許在想：「好吧，我可以接受——也許穿過兩道狹縫的光粒子以奇特的方式互相碰撞，創造出這個干涉圖樣。」

但奇怪的地方來了：就算一次只有一個光粒子穿過狹縫，干涉圖樣仍會出現。如果一次只有一個粒子穿過狹縫，它怎麼可能跟任何東西交互作用呢？它是跟自己交互作用嗎？

多數人想到的解釋是：一個粒子以某種方式穿過兩道狹縫，然後自己跟自己交互作用，形成干涉圖樣。但我認為這是瞎掰。

你：既然如此，你有別的答案嗎？

玻姆：我認為大家都沒想到，一個粒子只是更大的整體的一半。

我的理論是，每個粒子都與控制粒子行動的<u>波</u>耦合在一起。

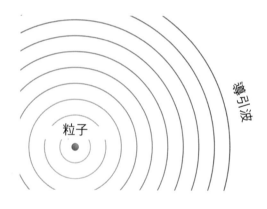

波負責從粒子周圍的空間擴展出去，探查那裡有什麼。

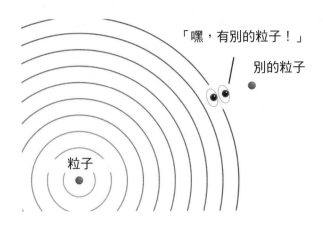

波會根據探查結果安排粒子的行動，把它稍微推向這邊或那邊。你可以把波想像成掃描粒子周邊並回報結果的偵察兵，它也像個車掌，會告訴粒子如何做出相應的行動。

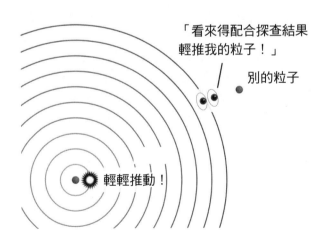

你：對街有個穿風衣跟黑西裝的人一直盯著我們看。

玻姆：真正奇怪的是，如果你用某種方式觀察量子力學方程式，然後用力瞇起眼睛，就能看出它們描繪的確實就是這幅景象。

你：好，這個粒子加上波的理論如何解釋雙狹縫實驗裡奇怪的圖案？

玻姆：我先這麼說吧。我同意其他物理學家說穿過兩道狹縫的光產生交互作用，形成干涉圖樣。我也同意造成這種現象的唯一前提，是光同時穿過兩道狹縫。或至少是光的某些部分同時穿過兩道狹縫。

但如果我沒想錯，同時穿過兩道狹縫的不是<u>粒子</u>——而是粒子的<u>波</u>。

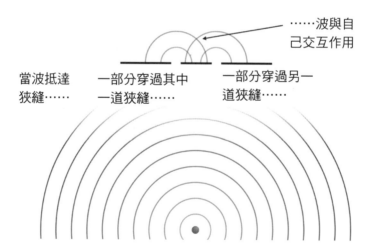

波穿過兩道狹縫後，就能在另一側與自己交互作用。因為波會安排粒子的行動，所以交互作用也反映在粒子的落點上。這能解釋奇怪的干涉圖樣為什麼會出現，我們不需要想像粒子同時穿過兩道狹縫。

擋住一道狹縫，波無法與自己交互作用，干涉圖樣不會出現

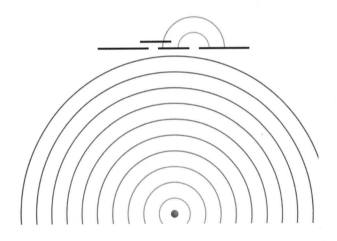

我並不反對光同時穿過兩道狹縫的想法，我反對的是光的哪個部分同時穿過兩道狹縫。我認為是其他人沒有注意到的波。有些人認為，光粒子以某種方式同時存在於兩個地方。

你： 穿風衣的傢伙還沒走。我該不該走過去問他是

不是弗萊德？

玻姆的理論拯救了粒子一次只能存在於一處的觀點，但代價是他為物理學引入一個新實體：與每個粒子緊緊相連的波。

這個理論帶來一些奇怪的後果，包括超光速效應。粒子的導引波碰到東西，然後說：「哇！我最好根據我看到的情況輕輕推動一下粒子」，從波碰到的東西再回到粒子的這輕輕一推，速度必須比光速快好幾倍。違反愛因斯坦的光速限制，對宇宙裡的每個粒子來說根本就是家常便飯！

玻姆的理論甚至挑戰牛頓的運動定律。即使沒有實際的力施加在粒子上，導引波輕推粒子也可能會使粒子改變速度或方向（導引波的輕推不是傳統意義上的力）。我們高中的物理課都白上了。

玻姆的理論問世後，顯然大部分的物理學教科書都得改寫。除了劍橋大學出版社將大賺一票，對我們的日常生活也是影響深遠。

決定論不是宿命（論）

前面提過決定論會使自由意志失去立足之地，因為決定

論暗指我們的選擇都是預先決定好的。玻姆的宇宙也一樣，會帶來每一個你想得到的結果：它對自由意志的挑戰可能會顛覆現有的法律理論，使究責變得困難，也很難師出有名地懲罰犯下最嚴重罪行的人。

但有件事我們還沒談到，那就是當一個理論告訴你未來早已注定時，會對你產生怎樣的心理打擊。每個人受到的打擊程度不一，但是當你想到無論你怎麼努力都不可能做命中注定以外的事情，你很容易陷入生存危機。「每天早上起床有何意義？」我們可能會這麼想，「我不如接受早已注定的命運，每天像患了強迫症一樣不停打開和關上社群媒體APP。反正我的選擇並非由我決定，努不努力有差嗎？」

決定論意味著你的選擇無關緊要，不如直接躺平。這是常見的結論。但是這種立場叫做「宿命論」，與決定論完全不是同一回事。

事實上，決定論與宿命論背道而馳。在玻姆的決定論宇宙裡，你的選擇雖然不是自由的，但它們的重要性是<u>更高</u>，而不是更低。

這是因為決定論在行為與結果之間畫了一條直線。你今天做的事情與明天要做的事情之間，沒有隨機性搗蛋的空間。如果看了玻姆的理論後，你決定大吃一桶波士頓奶油派口味的班傑利冰淇淋（Ben & Jerry）來撫慰悲傷，你就必須

承擔這個選擇造成的結果（變胖、糖分激增、懷疑自己為什麼不直接買波士頓奶油派等等）。

這才是關鍵。如果過去決定未來，那麼現在——與你現在做的決定——也會決定未來。你的選擇確實意義重大，你也逃不過這些選擇造成的結果。如果你對這個章節的反應是：「嘿，你知道嗎？你說得完全沒錯，從現在開始，我要積極面對人生」，這些結果會更加令人愉快。

只懂一點哲學皮毛很危險，把決定論與宿命論混為一談就是這種情況可能帶來的後遺症。

但不可否認的是，玻姆的理論對許多人來說是一個強大的心理認知轉變。若有一天獲得證實，自我激勵類型的書籍將暢銷到斷貨：《萬事天注定之機械肉身的心靈雞湯》將熱賣一百萬冊。不過印刷廠可以先不用急著打開印刷機器，因為玻姆的理論至少還有一個相當根本性的問題。

玻姆的震撼彈

玻姆的理論以粒子的位置變量為核心。它假設每一個粒子都有一個位置，而且不只如此：它還假設僅須知道粒子的位置（以及導引波動向的某些細節），就能計算出粒子的每一個可觀察特性。

沒想到以數學驗證後發現，如果玻姆選擇動量做為他的特殊變量，他的假設也同樣成立。那會是一個截然不同的理論，一個對現實世界截然不同的詮釋，卻能做出與以位置變量為核心的理論相同的預測。

　　那麼，玻姆為什麼選擇這個變量，而不是其他變量？答案是他喜歡。他的理論最重要的假設之所以是粒子的位置而不是動量，純粹是基於審美上的直覺，他覺得與「動量」相比，「位置」是比較漂亮的變量。

　　但這還不是最糟的。玻姆大可以選擇動量做為理論基礎，而不是位置；除此之外，如果他當初使用位置與動量的任何一種組合方式做為他的特殊變量，他的理論就可以成立。舉例來說，他可以選擇位置與動量一比一或二比一的混合變量。

　　位置與動量有無限多種組合方式，這意味著玻姆的理論不只一個，而是無限多個。他從中選定一個特定的版本——也就是把粒子的位置視為特殊變量——僅僅因為它似乎比其他變量「漂亮」。

　　其他的潛在問題更具爭議，直到今天，物理學家仍持續互丟粉筆、互相辱罵，因為他們對玻姆的理論如何處理相對論、粒子旋轉等諸多問題無法達成共識。

　　但是對於像玻姆這樣夢想著以「正常」和完全唯物主義

的方式描述現實世界的人來說，最深層的問題是另一件事：即使是最令人滿意的傳統量子力學理論，碰到某個早在牛頓力學的影子出現在柏拉圖的洞穴[1]之前就已存在的謎團，也會融化成一灘古怪的爛泥。

這個謎團叫做意識。

糟糕，他不是那種老把意識掛嘴邊的新時代瘋子吧？

我得先澄清一下，我不是老把意識掛嘴邊的新時代瘋子。但我認為物理學對於意識的出現確實沒有提出任何解釋。連個模糊的影子也沒有。連影子的影子也沒有。原因如下。

把一群人類放在同一個地方，他們會漸漸形成各種有趣的結構，成立政府、創立企業、加入英國交通圓環同好會（UK Roundabout Appreciation Society）之類的組織。

我們可以把這些結構視為巨大的「人類超級有機體」的器官與附肢。如同手腳和腎臟幫助我們發揮功能、實現目

译註1：Plato's cave是柏拉圖在《理想國》裡提出的洞穴寓言故事，也稱洞喻，描述一群人終生被囚禁在洞穴裡，看不見自己與彼此，只能看見物體投射在白牆上的影子，因此把影子當成真實的物體。（Wikipedia）

標，每一個政府、企業、社團都發揮特定的作用，促進人類超級有機體的利益。

「等一下……」你說，「人類超級有機體的利益？Jérémie，你的意思是這個東西有意識？饒了我吧。」（感謝你沒把我的名字拼錯。）

我以前也是這麼想的。如果組成人類超級有機體的每一個有機體——地球上的每一個人類——都各行其是，這個超級有機體怎麼可能有意識？超級有機體的行為完全取決於我們每一個人的選擇，它怎麼可能有自己的心智，意識就更不用說了。

但是，請想想看：人類的行為，完全取決於組成身體的每一顆細胞的行為。

從這個角度來說，無論構建我們的細胞在做什麼，我們時時刻刻都是細胞的奴隸，行為舉止只能精準配合細胞的「願望」和「欲望」。和人類超級有機體一樣，我們的行為完全受到意識以外的因素約束。

我們之所以不容易察覺這件事，是因為不同組織規模與層級的生物採取的溝通策略並不相同。人類細胞透過複雜的生化機制溝通，分子與離子互相來回傳遞訊息，而我們缺乏詮釋這些訊息的方法，也缺乏了解這些訊息的背景知識。身為親戚的花栗鼠跟松鼠還能彼此溝通，但我們和這些訊息差

異太大，我們無法理解這些訊息，就像我們無法理解北韓獨裁者。

人類超級有機體大概也是如此：我們理解不了它與世界溝通的方式，如同我們無法理解細胞使用的電化學訊號。因為我們無法與細胞或超級有機體溝通，所以我們感受不到它們對世界有一絲一毫的意識經驗。「哈，呆呆的小細胞呆呆地動來動去。」我們會這麼想，也是很自然的。

狗流口水，我們推測牠餓了。蒼蠅躲避蒼蠅拍，我們推測牠們不想死。那細胞……細胞到底在幹嘛？細胞不用飢餓或躲避之類我們能理解的方式溝通，所以我們推測細胞沒有意識。

實際上，許多人想像的從原子、細胞、昆蟲到人類的「意識連續體」（consciousness continuum）可能根本不是意識的連續體，而是感知我們意識的能力的連續體。

如果不相容的溝通方式使我們很難發現在空間尺度上與我們大相逕庭的生物擁有意識，我們也很難發現時間尺度與我們不同的生物擁有意識。例如，在你用比人際互動更長的時間尺度去觀察植物與環境的互動之前，植物似乎沒什麼意識、不容易理解。（不相信的話，可以去看拍攝植物一整天的快轉影片，看看植物為了讓葉子曬到太陽如何移動個不停。如果你覺得這是動物的行為，並因此對植物更能感同身

受的話，完全情有可原。）

　　如果我們觀察大腦，情況也沒有變得比較明朗——多數人認為大腦當然是意識的家。切斷左右半腦的連結是治療癲癇的古早療法，實驗發現，切斷連結之後左右半腦可獨立學習、運作、解決問題，彷彿擁有完整的意識，也不知道另外半邊腦的存在。這些實驗至少證明只要用正確的方式連接，兩個有意識的東西可以合為一體。

　　我們知道人類是由許多部分組成——但到底有多少部分？理論上，如果技術能做到的話，你有多少方法細分大腦、找到其他的「你」呢？

　　別看我，我也不知道。但是我們沒有理由相信唯有人類才有意識，或是唯有大腦才有意識，或是唯有動物才有意識，或是唯有構成人類的細胞才有意識。誰也不知道這個無底洞有多深——可是唯物主義並未提供蛛絲馬跡告訴我們如何界定意識的有與無，這也是至今無人能為意識下一個有用定義的部分原因。

　　聲明一下，我沒有在暗示意識是什麼神奇現象。我想說的是，我們缺少一套可以融合客觀事實與主觀經驗的規則。如果真有這樣一套可以解釋意識連續體和左右半腦實驗的規則——無論它是什麼模樣——它必然很怪異。

　　這應該不令人意外：物理學為我們提供一組方程式，

我們大致了解方程式裡的符號與周邊物體之間的關係。依照物理學目前的運作方式，說不定有朝一日我們可以精準預測複雜系統（例如生物）的行為。這對我們來說很有用，例如治癒疾病，還有了解演員馬修‧麥康納（Matthew McConaughey）為什麼那麼害怕旋轉門。

但是方程式再多，也只能描述現實世界的客觀特性——例如粒子的位置——無法陳述身為粒子或粒子所屬的有機體的主觀感受。了解馬修‧麥康納為什麼害怕旋轉門是一回事，了解他被迫走過旋轉門有怎樣的感受是另一回事。

因此，我們幾乎可以確定物理學遺漏了某樣重要的東西。新的理論包含的元素——無論是決定論、隨機性、量子理論還是符合牛頓力學的理論——必須可用來在描述客觀世界物體運動與解釋客觀世界如何製造經驗與意識之間架設橋梁。目前還沒有人知道如何達成這個目標。

因此，堅持尋找一種不奇怪的宇宙描述，幾乎可以肯定是個壞主意。即使在可能存在的宇宙之中最平淡無趣的那一個宇宙，怪異程度也會超乎十九世紀物理學家的想像。

不穩定的基礎

聊了這麼多，現況又是如何呢？

首先，現實被顛覆了。二十世紀初的科學曾許諾要給我們一個邏輯連貫且愈來愈清晰的理論來解釋宇宙的運作，但量子革命帶來的各種理論卻自相矛盾、違反直覺。

如果這些量子理論不管怎麼選都不會帶來巨大的影響，那隨便選也無所謂。問題是，這個選擇影響深遠。我們已經看到人類對物理學的理解如何形塑我們對於人性、意識、自由意志、甚至來生可能性的詮釋。這些詮釋很重要：人類社會做的每一個決定都來自這些詮釋，從大家都同意遵循的法規結構，到各種儀式與慶祝。

今日的物理學，是明日社會的意識形態基礎。問題是，今日的物理學充滿未知。我們在含糊不清的方程式上浪費了很多時間，多到這些方程式有時間發展出各式各樣的詮釋，而且每一種版本都逼迫我們用截然不同的方式思考自己的宇宙定位。

波耳的理論提出塌縮概念，進而引導物理學家思考意識是否有可能在物理定律中扮演核心角色。幾百年來，我們終於可以理直氣壯地說物理學的尖端理論為人類開闢出一個特殊的位置。

阿密特・哥斯瓦米的宇宙意識讓我們想像人類的意識經驗可能就是宇宙的構成要素。它邀請我們重新思考泛靈論、來生的可能性與純素主義背後的邏輯。

「就是會發生」塌縮理論完全摒棄意識，關上靈魂與精神的大門，強迫我們面對自由意志終將被量子物理學摧毀的可能性。

艾弗雷特的多重宇宙提出一個奇特的拼盤，內容包括平行時間線、量子永生與怪異的宇宙歷史。當然，還有一個漏洞百出的司法制度，漏洞多到它看起來像一塊霰彈槍大會上的瑞士乳酪。

接著，玻姆的理論又帶我們回到二十世紀的科學起點，提供完全決定論的世界觀，告訴我們未來早已注定。

這些理論的影響舉足輕重，所憑據的居然只是容易犯錯的靈長動物的審美偏好，多數人甚至不知道自己對哪些理論「好」、哪些理論「壞」的看法除了實際數據之外，更是基於個人品味。

當然，這是可以理解的——審美偏好感覺起來和科學偏好一樣重要，因為那是你自己的偏好。對愛因斯坦來說，宇宙顯然不允許隨機性與超光速效應的存在。對玻姆來說，現實世界的存在顯然與觀察者無關。對哥斯瓦米來說，情況正好相反——而且他自己大概覺得他的想法真實可靠，彷彿他已握有數學證據。但是他沒有，其他人也沒有。

結果只是彼此語無倫次的叫囂、拉幫結派、（比喻上的）互扔香蕉皮，很像紐約動物園的動物和英超足球賽的觀眾，

而不是演講廳裡的學術討論。物理學家不想了解哥斯瓦米的理論，只想用力撻伐。波耳的哥本哈根學派為了保護塌縮理論支持者的尊嚴與根深柢固的利益，奮力攻擊艾弗雷特的理論。波耳的詮釋因為不符合蘇聯哲學被列為非法思想，而玻姆則是因為政治觀念被踢出普林斯頓大學。科學家互相謾罵，拒絕面對一個令人不安的可能性：他們堅信的許多「事實」其實根本不是事實，只是他們對於孰美孰醜的「意見」。

人類思考本就如是運作，他們並非特例。物理學家對待物理學的方式，和多數人對待自己不關心、不了解的事一樣──例如政治、體育、宗教。政黨支持者通常不會想為對手尋找最好的論點，艾弗雷特多重宇宙的擁護者也不會費心去研究哥斯瓦米與「就是會發生」塌縮的內容。

學術界的訓練說，一個理論的真實考驗是在與現實世界接觸後能否屹立不搖。但實際上，一個理論的真實考驗卻是在與學術界接觸後能否屹立不搖。量子力學甫問世的時候，決定哪些觀點值得支持、哪些觀點打入冷宮的依然是既得利益。這些既得利益取決於各種條件，包括資深研究者與位高權重的教授的學術權謀，以及決定科學經費多寡的政治背景。

遺憾的是，這些情況都是社會常態，而非物理學界的專利。人類社會用來解決重要問題的分析系統大多仰賴不健全

的學術結構，物理學也不例外。上個世紀，這樣的結構把物理學害得很慘。

而我們才正要開始承受後果。

第11章
意識的未來發展

我在前一章說，今日的物理學是明日社會的基礎。我之所以說出如此精闢的見解可不是為了賣書：前面已經說過，我們對物理學的理解形塑我們的身分意識，而身分意識又形塑我們對⋯⋯嗯，萬事萬物的想法。

「萬事萬物」包括很多東西——有不少我們已經討論過：我們對正義與法律的認識、對演化史的了解，甚至包括我們對死亡的概念。但這本書已近尾聲，或許我應該摘下「哀怨的前物理學研究生」的帽子，戴上「研究 AI 且有錢買泡麵以外的食物」的帽子。

透過這個視角，我可以毫不誇張地說對於人類這個物種而言，了解物理學（尤其是量子力學）如何描述人類的存在本質至關重要，甚至比過往任何時期都更加重要。

原因如下。

愈來愈像人的 AI

我相信最快在幾十年之內，人類就能開發出相當於人類以及超越人類的 AI。聽起來或許有點瘋狂，但這是目前多數尖端 AI 研究者的共識。我想解釋一下我為什麼這麼認為，以及這為什麼意味著二十一世紀的量子力學在一場影響極度巨大的遊戲中扮演關鍵角色。

讓我們先用六百九十一個英文字概述一下 AI 領域，希望我的介紹足夠準確，不會把我共事的人得罪光。準備好了嗎？你可以開始計時了。

AI 只是一種聽起來很厲害、用複雜的方法處理資訊的電腦程式。AI 通常用於將人類可以完成的任務自動化，例如開車、辨識煽動性的網路內容等等。但 AI 也能用來進行人類做不到的思考，例如預測蛋白質將如何折疊，或是控制核融合反應。

AI 有三項必備要素：數據、處理能力與模型。為了認識這三項要素和它們的互動方式，讓我們以微積分為例，想一想可能讓你學不會微積分的三種原因。

第一，如果你沒有微積分課本，你可能學不會。課本就像 AI 系統學習的參考數據：少了微積分課本，就無法學習微積分；少了關於蛋白質折疊的數據，AI 沒辦法學習預測

蛋白質如何折疊。

第二，假設你已經有課本，但是你沒有認真研讀內容，可能還是學不會。AI系統為「研讀」數據付出的努力，就是它的處理能力。一個AI系統需要學習的數據愈多，就需要愈強的處理能力才能去蕪存菁、得到有用的資訊。

第三，如果你是一隻鳥，即使你有課本也有良好的學習態度，可能還是學不會微積分。這是因為鳥類的腦很小，儲存不了掌握高等數學需要的知識。AI系統的腦叫做「模型」，模型會將AI學習到的所有知識大致儲存下來。

在長達幾十年的時間裡，AI的故事就是處理能力逐步變強的故事。久而久之，人類想出提升處理器效率的方法，處理器的成本也愈來愈便宜。

最後我們終於擁有足夠強大的處理器能讓AI做些有趣的事。二〇一二年，有人突發奇想，用這種強大的處理能力打造了一個人工神經網路——也就是模擬人腦結構與功能的模型。經過訓練後，這個神經網路可以辨識圖片裡的物體，例如狗、飛機、巴士等等，而且準確度很高。人類似乎第一次找到將視覺自動化的方法——製造看得見東西的機器。

企業為此興奮不已。很快地，從谷歌到臉書，大家都在使用神經網路處理各式各樣的任務，例如翻譯、標註圖片中的人臉，還有看X光片診斷疾病。這些事為他們帶來獲利

——這些錢繼續投入 AI 研究，並進一步提升處理能力。

大約在這個時期，AI 界有一小群人開始感到緊張。「所以……我們是否應該擔心 AI 在愈來愈多的任務處理上超越人類，而且這樣的任務正在快速增加，例如視覺、產品推薦、像《星海爭霸 II》這樣高度複雜的遊戲？」他們問道。

但是在那個階段，多數人還不太擔心未來會出現與人類能力相當的 AI。畢竟，為特定目的開發出來的 AI 雖然可以在重要任務上超越人類，但這些系統都很「專門」，因為它們只能在受過訓練的特定任務中表現出色。臉部辨識 AI 無法幫你報稅，只要情況一直是如此，人類就會覺得強大到令人擔心的 AI 還很遙遠。

時間來到二〇二〇年，一個名為 OpenAI 的實驗室發現一個當時其他人都尚未注意到的情況。「也許，」他們心想，「阻礙 AI 進步的原因不是缺少一個聰明的新模型。說不定問題是我們訓練的模型都太小了。也許我們應該跳脫小小的鳥腦，建造一個規模更大的 AI——很大很大，比以前出現過的 AI 都更大。」

他們確實這麼做了。這改變了一切。

進入通用 AI 的年代

二〇二〇年，OpenAI宣布他們建立了一個名叫GPT-3的自動完成系統（autocomplete system）。就像你手機裡的自動完成AI一樣，GPT-3受的訓練是預測句子裡可能出現的下一個字。但事實證明它的能力遠遠不止於此。除了自動完成之外，GPT-3也會翻譯、以人類的口吻撰寫文章、寫程式、基本的網頁設計、回答問題，還會做很多很多其他的事。

有了GPT-3，術業有專攻的AI時代宣告結束。有史以來，第一次有AI系統能對各式各樣的任務進行邏輯思考，實現某種通用智慧（general intelligence），這在幾個月前還像是個科幻故事。

怎麼做到的呢？GPT-3不是一個特別厲害的模型。它僅有的優勢在於規模。

GPT-3是一個龐然大物。它不再是鳥腦，而是比過往任何模型巨大十倍、用超級大量的網路文本數據訓練出來的模型，使用的處理能力也強大到驚人。GPT-3真正展現的是藉由擴充枯燥乏味的特定模型，你可以創造出效能與普通人類相似的AI。就目前所知，這樣的擴充沒有明顯的限制＊。

GPT-3問世以來，整個行業開始爭相擴大AI規模。在這場競賽中，系統除了以文本數據為基礎學會自動完成，還

可以同時處理圖片、文字、影片與音訊。我們正在建構感知能力不輸人類的系統，擴大規模顯然為我們指出一條明路，讓我們在不需要任何根本突破的前提下，將這些系統變成人類程度與超人程度的邏輯思考機器。

這帶我們回到了討論的起點：意識與自由意志的物理學原理。

意識為何重要

我最近用蒸氣清潔了地毯，大概殺死了幾萬隻無辜的塵蟎。我沒有因此失眠，但或許我應該有點罪惡感。

大部分的人對於哪些生物符合「應該關心，不該虐待」的標準都是憑直覺判斷。我認為較常見也較有說服力的判斷標準之一，是生物的意識程度。直覺告訴我們，有意識的生物擁有感受力，使他們難受是不對的。

如果你認同這種直覺，不妨思考一下這對 AI 有何意義。

---

* 我在 AI 領域的朋友看了可能不太高興，但我要提醒他們：擴充效能當然最終會受限於訓練資料的持續熵增。不過，我不認為這會構成嚴重的阻礙。多模型學習與自我對弈（self-play）等技術，或許都能提供幫助。似乎有不少簡單的方法可以繞開愈來愈複雜的論點。因此我認為懷疑論者有責任解釋，我們為什麼應該期待橫跨許多數量級的擴充曲線很快就會到達頂點，開始走下坡。

未來幾十年，我們可能會創造出擁有人類認知能力的 AI 程式、有能力推理和思考的程式、擁有相當程度的自我意識與主體感的程式。

這些程式將由軟體組成。這些軟體可以複製——也一定會被複製——因為人類有這麼做的經濟動機。我們很可能就會這麼做：一台能幫你報稅和煮飯的通用邏輯思考機器，還有比這更棒的東西嗎？十億個系統，就能維護十億個家庭，或甚至幾兆個系統。一旦跑這些程式的處理能力變得夠便宜，只要複製／貼上就能做出一台新的思考機器。

問題是，人類很少善待我們認為「意識程度不夠高」的生物。倒不是我們主動要傷害這些生物。但是從消滅塵蟎、工業化養殖到強迫水牛耕田，我們總是把意識程度低於某個標準的生物當成工具使用——目的是確保意識程度夠高的生物能夠欣欣向榮。

如果我們不夠謹慎，沒有正確定義和偵測 AI 系統的意識，或許有一天我們會發現我們一直在折磨數以兆計、有意識的 AI 而毫無自覺，造成難以想像的大規模苦難。

意識是 AI 未來的關鍵，尚待解答。但自由意志的重要性不亞於意識。今日，我們把愈來愈多的思考託付給機器。從自動標記敏感內容的內容審核平台，到自動駕駛汽車與軍用無人機，我們在許多方面愈來愈器重 AI。

但萬一出事了，誰來承擔責任呢？如果先進的自主無人機誤殺了平民，我們應該開除的是監控無人機活動的士兵、開發無人機AI系統的工程師，還是其他相關人士？就這個問題而言，無人機的AI要多聰明、自主程度多高，我們才會把它視為能承擔道德責任的主體？如果我們繼續把法律理論建立在「自由意志」的基礎上，就必須更詳細地定義自由意志，也必須思考這樣的定義何時開始適用於機器。

「算啦，」有些人會說，「我不擔心。我相信當AI系統的意識程度高到我們應該關心它是否感到痛苦，或是發展出什麼自由意志的時候，我們肯定一眼就能看出來。」

我不同意。而且我認為若要正確思考意識與自由意志，就必須——至少部分——借助量子力學。

我們不會用噴霧罐訓練嬰兒

我不認為我們對意識的直覺看法，能幫助我們判斷何時應該開始擔心AI是否感到痛苦。原因如下：

我們理解意識的經驗來自兩方面：育兒和演化。

先說說育兒。身為一個物種，人類集體花費了許多時間思考精子、卵子、胚胎、嬰兒、幼兒、青少年、成年人的相對意識。多數人對於如何區分沒有道德地位（moral status）

的無意識存在與我們應該關心的有意識生物，都有發展出成熟的直覺判斷。雖然這條界線應該畫在哪裡仍存有爭議，但其實共識遠比表面上看起來的更多：幾乎每個人都同意精子和卵子不具有道德地位，嬰兒具有道德地位。

除此之外，我們也有透過演化理解意識的經驗。幾十萬年來，現代人類一直在與真菌、藻類、樹木、螞蟻、老鼠、猴子打交道，並且仔細研究這些生物。同樣地，多數人都能用強烈的直覺判斷在這個生物光譜上，哪些生物「擁有值得我們關心的意識」，哪些是「滿足實用需求的無意識生物」。

可是，我們從演化經驗和育兒經驗中形成的直覺判斷並不一致。讓貓的意識程度看起來高於變形蟲的東西，與讓嬰兒的意識程度看起來高於胚胎的東西截然不同。貓在許多方面都表現得比變形蟲更加優異，例如快速學會特技、執行複雜的狩獵計畫等等。嬰兒則是在其他方面表現得超越胚胎：他們具有方向感，會爬行，會說「爸爸」「媽媽」。

我看不出貓的把戲如何能與嬰兒的基本口語能力相提並論。但是在某種程度上，像貓這樣的哺乳動物經由演化發展出與人類同等的智慧，而生物學的老化也帶領嬰兒邁向同一個終點。如果你用育兒的直覺來預測靈長類動物創造偉大文明的演化步驟，你的預測將錯得離譜。

那我們為什麼期待育兒經驗或演化經驗能幫我們解決

AI的意識問題呢？

我認為，我們不該如此期待。我們應該期待AI會從完全不同於演化和育兒的角度來理解意識。畢竟，我們正在快速打造的AI使用的人工大腦規模愈來愈大，用來訓練的數據也愈來愈多。這條路人類從未走過，也從未研究過。如果這條路上有隱藏的陷阱，但我們仍根據經驗裡的「傳統」跡象來尋找意識，就不太可能發現陷阱。

順帶一提，自由意志也是如此。大部分的人都不認為惰性化學物質擁有自由意志，但是對相信人類擁有自由意志的人來說，從分子、細胞、動物到人類的轉變過程中，自由意志（逐漸或突然）的出現一定有一個演化上的解釋。同樣地，我們可以想像人類的老化也是一個漸進的轉變過程，從精子與卵子轉變成能承擔道德責任的成年人。

我們從演化和育兒經驗裡發展出對自由意志與道德責任的直覺判斷也不一樣，而且很難相容。貓抓壞椅子，我們會立刻判斷錯在貓，與旁人無關。但如果是年幼的孩子抓壞椅子，許多人的想法是：「嘖嘖，超沒家教。」這樣的直覺要如何用在AI上呢？

若直覺幫不上忙，除了回歸最初的準則，我們並沒有太多選擇——當然，我們還能回歸物理學。

有期限的物理學研究

　　如果不能依靠直覺與過往經驗來區分有意識、能承擔道德責任的 AI，以及無意識、不能承擔道德責任的 AI，那我們只能借助影響範圍更廣的想法。

　　雖然物理學不一定能提供完整的解決方法，但它必然是解決方法的一部分。無論到最後是量子力學的哪一個理論成立，都不會改變一個事實：「存在」的意義由量子事件的內部機制形塑。量子力學是「存在」發展的舞台，也是所有道德考量不言自明的背景。

　　如果哥斯瓦米是對的，那麼萬事萬物都可能擁有意識，或是屬於更恢弘的意識。我個人不認同這個理論，但如果這是事實，今時今日在我們創造 AI 的時候就應該擔心 AI 的感受。

　　如果馮・諾伊曼是對的，那麼人類與某些動物可能因為某個尚未被發現的機制而擁有獲得意識的特殊管道，而且這個機制也讓我們有能力在觀察量子系統之後使其塌縮。再次強調，我不認為有這種可能性，但要是我錯了，我們都應該投入更多力氣了解這種意識機制以及它如何運作，並以此做為設計 AI 的參考依據。

　　如果艾弗雷特或玻姆是對的，那麼光靠物理學不可能解

釋意識。必須牽涉到另一層現實──決定資訊處理如何在實體世界製造經驗感的一套規則。這套規則可以來自泛心論、身心二元論，或是我們尚未想到的東西。

艾弗雷特與玻姆提供的現實理論完全排除自由意志，這使我們面對一些相當根本的問題：法律與哲學應如何設計才能如同適用於生物主體一樣，也適用於人造主體？

沒有人知道哪一個理論是對的──如果裡面有對的。因為茲事體大，我們不能假裝自己知道答案。總之，我們必須想辦法深入思考有二十五％的物理學家認為顯然很正確、五十％的物理學家認為很荒謬的理論，因為我們沒有其他選擇。還有一種作法是重蹈覆轍，再找一個翻版波耳，用武斷的審美偏好與學術派系封殺我們不喜歡的觀點。這種作法或許短期內可帶動熱門推文在網路瘋傳，卻可能帶我們走向黯淡的未來。

這一切雖然嚇人，卻也令人振奮：隨著我們的技術能力漸漸超越哲學能力，我們必須在期限之前建立合適的物理學理論。我們必須用技術性更強的觀念（例如物理學）解釋道德等模糊的領域。而且在這個過程中，我們不能為了審美差異而爭吵不休。

這一題沒有簡單的答案

人類的叩問，始於思考自己在萬物中的位置。我們已經看過量子物理學能對這樣的思考提供多少資訊與啟發，以及量子物理學為什麼很重要。

但是，人類自我了解的量子物理學之所以重要，或許最重要的原因是它決定了我們如何詮釋自己身為<u>創造者</u>的責任。如果我們真的打算創造具備人類認知能力的 AI，或許每隔一段時間就應該參考一下各家量子理論，確認我們是否注意到 AI 帶來的風險。

我希望我給的答案不止如此。我希望我能說：「其實我們不必面對沒有明確答案的可怕情況。<u>真正</u>可靠的量子力學理論就在這裡，請看。」

很可惜，如果有人問我：「哪個量子力學理論<u>真正可靠</u>？」之類的問題，真心的答案只有一個：「我不知道，而且沒人知道。」實驗數據無法證明哪一個理論比其他理論更值得支持，而且幾乎可以肯定的是，可靠的理論確實存在，只是還沒有人想出來！

不過我<u>可以</u>回答一個點擊率更高的問題：「你是哪一種量子力學理論？」雖然沒辦法解答相同的疑惑，但藉由思考這個問題，我可以簡短回顧前面我們一起走過的章節，也可

以自然而然地利用這個斷點為電子書設置付費牆[1]。

〔本書預覽內容到此為止。就在正要變有趣的時候。
登入或註冊後即可繼續閱讀。〕

如果你有傳統信仰，相信來世、靈魂、一個或多個神明的存在，大概會被哥斯瓦米和馮・諾伊曼的意識理論吸引（契合度 A+）。「就是會發生」塌縮理論或許還可以，因為它保留了自由意識的可能性，你可以告訴自己神的干預決定了哪些塌縮結果可以實現（契合度 B+）。玻姆的決定論應該不太適合你，因為在決定論的框架下自由意志難以存在，但自由意志是傳統的信仰元素（契合度 D）。最後，艾弗雷特的理論幾乎肯定會令你反感，因為它暗示慈悲的神明創造了平行宇宙，無辜的人類在平行宇宙裡無故遭受磨難。

如果你沒有宗教信仰，艾弗雷特、玻姆和「就是會發生」理論在你眼裡應該都差不多，哥斯瓦米的理論可能會使你感到微微噁心。

但宗教不是唯一的切入點。如果你是泛心論者——也就是相信宇宙裡的萬事萬物都或多或少擁有意識——在多數人

譯註 1：paywall，即付費後才能看到接下來的內容。

眼裡，你應該是個瘋子。不過，笑到最後的人說不定是你：我們討論過的量子力學理論中，沒有一個能夠排除這種可能性。艾弗雷特的多重宇宙與哥斯瓦米的意識宇宙，都支持泛心論。請放心做自己，親愛的。

但如果你是唯物主義者，認為萬事萬物（包括我們對世界的感受）都可以用物理定律解釋，這幾個理論無法給你明確的答案。馮・諾伊曼認為有意識的觀察造成塌縮。你可以把它也想像成一種物理定律，所以看起來似乎能成立。不過更有可能的情況是，物理定律只要提及意識就會令你坐立難安。

哥斯瓦米的理論會讓你堅定不移地用力搖頭，因為它假定實體世界完全是因為宇宙意識而存在。至於其他幾個理論，包括艾弗雷特、玻姆與「就是會發生」塌縮，應該也會被你默默否定。

最後，如果你是在 AI 領域工作的前物理學家，碰巧正在寫一本關於量子力學的書，不妨在這本書即將結尾的時候坦白自己所有的想法與感受，讓讀者自己做判斷。我個人一直屬於艾弗雷特派。我沒有宗教信仰，也認為以意識為基礎的理論不夠完善。就算它們很完善，我也必須承認我就是和「熱愛意識」的那群人磁場不合。所以，雖然我認為他們提出的理論都不是正確的最終版本，但我認為艾弗雷特的多重

宇宙極有可能會在最終版本裡占有一席之地＊。

每隔一段時間，我甚至會說服自己這種直覺一定是對的，其他理論都很蠢，喜歡那些理論的人都沒有我聰明。然後我想起當年波耳戰勝艾弗雷特與玻姆的時候，肯定也對自己的理論信心滿滿。想到這裡，我又恢復理智。

其實，我們對於宗教或哲學的直覺判斷比較可能影響我們對量子物理學的觀點，而不是反過來。重點是我們必須知道以發展與支持這些理論為業的物理學家，也和我們一樣。這些理論各自用不同的方式解釋量子世界，在缺乏數據打破僵局的情況下，直覺與審美觀是我們僅有的依據。

如何避免成為無聊的偏見鬼

不是所有的物理學家都必須關心人類文明的未來，或是

＊ 如果你有興趣的話，我心目中可靠的理論尚未出現的原因有二。第一個原因，也是最有爭議的一點，是我根本不相信目前的物理學可以從理論上解釋意識經驗。無論我們怎麼努力嘗試都無法用數學算式解釋感受，除非祭出哥斯瓦米思緒飛揚的那一招，但我認為這是旁門左道。

不過還有一個比較傳統且受到認可的事實，那就是物理學家不知道怎麼融合量子力學（微小粒子的定律）與重力理論（有重量的大型物體的定律）。也就是說，我們早已知道物理學有缺陷；我們應該問的是，當物理學能夠同時解釋重力與意識之後，像艾弗雷特、哥斯瓦米、玻姆這樣的理論是否還能存在。

AI的意識門檻。事實上，大部分的物理學家都不用關心這些。為了能在晚飯前回到家，他們不可能把所有的時間都拿來思考各家量子理論。他們有日常的工作要進行，也沒空等別人證明多重宇宙是不是真的、宇宙是否有意識，或是量子物體會不會偶爾塌縮。他們自顧不暇，所以實際上他們只能任意選擇其中一個理論。

其實大家都一樣，不管你是作家、軟體工程師還是木匠。每個領域都存在著爭議，而爭議之所以存在，正是因為我們缺乏徹底解決這些爭議的數據（就算有數據，我們也沒有時間、資源或專業能力來仔細分析數據）。

為了好好活著，我們只能仿效物理學家面對量子力學的態度，用社會壓力、直覺、自我利益調製而成的這杯醉人雞尾酒來解決爭議。而我們也確實需要回到自己的工作、家庭與科普書籍上。

我們沒有花時間查資料，直接在心中為爭議下了定論，漸漸忘記在形成觀點之前我們得到的資訊少得可憐。久而久之，這些觀點變成信念，也變成身分認同的一部分。這樣的觀點會變成難以逃脫的思想陷阱，因為我們連它們的存在都不知道。到最後，我們的世界觀、制度、甚至連法律都建立這些觀點之上。隨著這樣的情況日積月累，我們很可能因此犯下非常嚴重錯誤。

除非我們可以經常拉高視角，捫心自問：「我有沒有可能就是這個故事裡的波耳？」

謝詞

　　寫書的謝詞感覺很像在寫婚禮致詞稿。你很怕漏掉某個名字，而那些你記得感謝的人為你付出了很多，只是在謝詞裡提及他們的名字很像用大富翁玩具鈔票來報答你對他們的虧欠。不過玩具鈔票並非一無是處——可以生火，天氣濕熱的時候也可以疊起來再張開當扇子。真的想不到其他用途，還可以用來玩大富翁。

　　這本書原本是一個大災難，我希望我們都能同意最後的成品不那麼災難。有這樣的結果是很多、很多人的功勞，他們都應該獲得能夠塞滿唐老鴨的小氣叔叔（Scrooge McDuck）的金庫的玩具鈔票。有些人試閱了多個版本；有些人反覆編輯被我亂改一通的文字；有些人忍受我永無休止地抱怨這一段或那一段很難寫，雖然無聊得要死，他們卻始終和顏悅色，沒有被我逼哭。

　　但是你知道嗎？如果你一路看到這裡，你可以在領玩具

鈔的隊伍裡排第一。你忍受了沒人應該忍受的低級笑話、拙劣塗鴉與杜撰的名言佳句。為此，我要向你致上由衷的感激。

我的爸媽也在隊伍裡——不僅僅是為了常見的原因（撫育我長大、餵食我、鼓勵我、讓我使用他們的牙醫保險直到二十六歲）。這本書裡的每一章、每一頁，讀者看到的每一個故事，我都花了<u>幾十個小時</u>跟他們討論過。還記得前三章講到哥斯瓦米的量子意識嗎？是我爸媽建議我分成三章，而不是集結成巨大的一章，否則看起來會很累、很難看完。類似的例子還有很多。

我有點猶豫要不要感謝我哥艾德（Ed）。原因很簡單，如果我詳細說出他為這本書做過什麼事，你可能會覺得他是<u>這本書的共同作者</u>。如果你願意看到這裡，或許正是因為艾德的功勞。這本書他看了足足六遍，每一遍都用了最傑出的編輯視角。這是因為他很慷慨，而且他希望我能成功，但更重要的是，他希望你能從這本書裡得到樂趣。他老婆法莉亞（Fariya）也很酷。

這本書的謝詞截稿日剛好是我與薩琳娜‧寇川尼奧（Sarina Cotroneo）結婚的前一週，所以我只能假設一切都按照計畫進行，她現在已是我的合法妻子。我老婆薩琳娜是第一道防線，為世界抵禦我最糟糕的書寫內容、尚未成熟的說明、不倫不類的流行文化引用、各種參考作品。她忍受了

很多類似「等一下——如果我先解釋第二件事，再用它來說明喬布拉的量子增強芳香療法為什麼不能……」這樣的內容，所以讀者不用接受同樣的折磨。如果你不認為我是語無倫次、滔滔不絕、與世界脫節的科技阿宅，都要歸功於她。

在我了解圖書出版業的經營方式之後，我發現我比其他作家更應該感謝我的經紀人。請為麥克・納度羅（Mike Nardullo）多印一些玩具鈔票，他是非常傑出的作家經紀人。幾年前麥克看到我隨手寫的一篇量子力學部落格文章，突然寄了一封email給我：「嗨，陌生網友，你想不想寫一本相關主題的書？」如果沒有麥克的遠見、堅持和鼓勵，這本書不可能存在。而且他幫這本書想了一個絕佳的名字，比我之前想到的其他書名強了一百倍。如果你想知道的話，我想到的書名包括《量子力學，從宇宙大爆炸到來世》（呃？），還有《量子力學：沒人訴說過的最奇怪的故事》（嗯）。謝了，麥克！

通常，像這樣的書——堆砌修飾詞彙、用介係詞結尾、以半瘋狂的方式處理天馬行空的想法——不可能有機會出版，除非遇到對它有信心的瘋子編輯。這本書遇到的瘋子編輯是尼克・蓋里森（Nick Garrison），但要是你誤以為他是科學哲學家，我完全理解。尼克的洞見把這本書的最後一章從三十分的水準提升到一一〇分，但我後來又把它改成八十

分，因為品質跟其他東西一樣，不宜過度。

這本書不止是我從尼克、麥克、艾德身上偷來的一堆想法。還有字型。還有邊距、精挑細選的數字大小、圖片、頁面空間的編排等等。還有印刷、封面設計、推廣與行銷，以及整支團隊都必須出色執行的一百萬件大小事，才能讓一本書從無到有，出現在書架上。加拿大企鵝出版集團（Penguin Canada）的團隊，你們是我心中名副其實的英雄。

其實早在麥克、尼克與企鵝出版社出現之前，還有一位重要人物：卡爾頓大學新聞學院副院長蘇珊・原田（Susan Harada）。每個人的生命中都需要這樣一個人，在沒有人肯說實話的時候，她願意告訴你第一章必須全部重寫。如果這個人剛好說對了，又剛好是跟你父母住在同一條街的世界級新聞學教授，此人十有八九就是蘇珊・原田。蘇珊帶領我認識和探索出版界，她閱讀（而且重讀！）我的手稿，針對結構提出最重要的編輯意見。蘇珊，請接受我送你的玩具鈔票，你絕對值得。還有，我媽在問要不要再烤一條麵包給你，你這禮拜有空嗎？這裡似乎不是問這些事的好地方，但我怕不趕緊問會忘記。

我有幾位新的合法親戚也應該得到玩具鈔票，也就是寇川尼奧一族。多西・寇川尼奧（Dosi Cotroneo），家族裡的第一位作家，感謝她的支持與鼓勵，也感謝她在肯定有其他

更好的事情能做的時候看了我的書。感謝克里斯欽・寇川尼奧（Christian）、泰勒・寇川尼奧（Taylor）與派翠莎・寇川尼奧（Patricia），他們都在選擇書名的時候扮演重要角色。

我想特別提一下泰勒，他應該會覺得幹嘛這樣。泰勒超級聰明，許多科學人假掰地認為一定要受過正統科學教育才能「真正理解」量子物理學之類的事情，但泰勒沒有受過那種科學教育。我認為這些科學人錯了，我覺得，多數人心中都有一個像泰勒這樣的隱藏天才，等待機會現身。這本書之所以沒有用一大堆讓非科學領域的聰明人望之卻步、看一眼就認為「這些東西你看不懂」的術語，正是因為泰勒。

我也要感謝好朋友與試閱的讀者，包括哲學家兼程式設計師亞歷克斯・普拉契柯夫（Alex Plachkov），未來學政治大師菲利浦・諾瓦柯維奇（Filip Novakovic），還有低調的出版大王盧多・班尼桑特（Ludo Benisant）。他們都抽空看過這本書絕對不能上市的版本並提供意見，讓讀者看書看得更開心，也讓我看起來像一個比自己更厲害的作家。

兩年前，知名小說家茱迪・皮考特（Jodi Picoult）在推特私訊我，後來我們通了電話。當時她有一本小說即將出版叫 *The Book of Two Ways*，她請我確認科學情節的正確性。茱迪・皮考特這個人有兩個特色：第一，她非常在意故事的真實性，為了把正確度提高一％，她願意花一個小時聽你講

最枯燥的量子力學概念。第二，我知道她比表面上看起來更加忙碌。我會知道這件事，是因為我把這本書的其中一個早期版本寄給她——那是完全不適合人類閱讀的版本，我會非常樂意跟它劃清界線。沒想到她真的看了——從頭到尾。謝謝你，茱迪，要送你的玩具鈔票已寄出，請留意信箱。

當然我也要感謝每一個被迫聽完我一時興起就開講的「量子力學從零到無限」專題討論的大學生、高中生、物理教授和老百姓，這些討論後來成為這本書的重要基礎。如果沒有你們的耐心、提問與好奇心，這本書不可能完成。

最後，我要把最深的感謝留給高貴的花生。做為一種豆科植物，它的美名在這本書裡遭到多次嚴重且不必要的蹂躪。我也不知道我為什麼要這樣。我並不討厭花生。只是有時候，比如當你想要做奶油花生醬的時候，剝花生殼很麻煩。

多重宇宙、平行世界是可能的嗎？
——一本理科小白也會邊看邊笑的量子力學入門
Quantum Physics Made Me Do It: A Simple Guide to the Fundamental Nature of Everything

作者 傑瑞米·哈里斯（Jérémie Harris）
譯者 駱香潔
封面設計 萬勝安
責任編輯 張海靜
行銷業務 王綬晨、邱紹溢、劉文雅
行銷企畫 黃羿潔
副總編輯 張海靜
總編輯 王思迅
發行人 蘇拾平
出版 如果出版
發行 大雁出版基地
地址 新北市新店區北新路三段207-3號5樓
電話 02-8913-1005
傳真 02-8913-1056
讀者服務信箱E-mail andbooks@andbooks.com.tw
劃撥帳號 19983379
戶名 大雁文化事業股份有限公司
出版日期 2024年09月 初版
定價 420元
ISBN 978-626-7498-32-3

歡迎光臨大雁出版基地官網
www.andbooks.com.tw

國家圖書館出版品預行編目（CIP）資料

多重宇宙、平行世界是可能的嗎？：一本理科小白也會邊看邊笑的量子力學入門／傑瑞米·哈里斯
（Jérémie Harris）著；駱香潔譯. -- 初版. -- 新北市：如果出版：大雁出版基地發行, 2024.09
　　面；　公分
譯自：Quantum physics made me do it : a simple guide to the fundamental nature of everything
ISBN 978-626-7498-32-3（平裝）

1. CST：量子力學　2. CST：通俗作品

331.3　　　　　　　　　　　　　　　　　　　　　　　　　　　113012507